KB236047

애니 테이블의 캐릭터 아이 밥상

일러두기

- 이 책은 이유식을 끝낸 유아부터 초등 저학년까지의 아이들이 먹기에 적합한 레시피예요.
- 책 속 모든 요리의 레시피는 2~3인분 기준이며, 캐릭터 밥은 보기 쉽게 1인분(1공기) 기준으로 했어요.
  다만, 유아부터 초등학생까지 먹을 수 있는 요리이기 때문에 1인분의 기준이 다를 수 있으니, 아이의 개월 수에 맞게 양을 조절해주세요.
- 아이들을 위한 레시피인 만큼 간은 어른이 먹었을 때 싱겁게 느껴질 정도가 좋아요. 개인에 맞게 조절하세요.

애니
테이블의

귀여워서 한 입, 맛있어서 또 한 입

캐릭터 아이 밥상

허인 지음

비타북스

예쁘고 완벽한 요리보다
진짜 중요한 건 진심이에요

5살 아이의 밥상을 차리는 일은 꽤 어려워요. 좋은 것만 먹이고 싶고, 잘 먹어서 건강하게 쑥쑥 컸으면 싶지만 아이의 입맛을 맞추기란 나날이 더 어려워지는 것 같아요.

캐릭터 밥상을 차리기 시작한 건 혁이가 이유식을 끝내고 식판식으로 밥상을 차려주면서부터예요. 혁이는 이유식을 먹을 때까지만 해도 무엇이든 잘 먹는 아이였어요. 좋다고 하는 건 다 먹이고 싶은 마음에 온갖 식재료를 골고루 갈아서 이유식으로 만들어주었는데, 그때는 편식도 안 하고 잘 먹던 아이가 똑같은 식재료를 가지고 식판에 밥, 국, 반찬을 따로 담아주니 갑자기 음식 자체를 거부하기 시작했어요. 텔레비전에서 나오던 밥 먹기를 거부하는 아이와 억지로 먹이려는 엄마의 전쟁이 저와 혁이에게도 시작된 거였죠. 육아 중 그 시기가 가장 힘들었다고 말할 정도로 밥을 먹이는 것 자체가 곤혹스러웠어요.

도대체 무엇이 문제일까? 그러다 우연히 밥 위에 김으로 캐릭터를 자그마하게 잘라서 올려줬는데, 밥상 앞에 앉는 것조차 거부하던 혁이가 스스로 밥상 앞에 와 앉는 것을 보고 '이거다!' 싶었어요. 아이에게 영양을 골고루 챙겨주면서 음식에 흥미를 갖게 하고, 식사시간을 전쟁이 아닌 행복하고 즐거운 시간으로 만들어주는 것. 바로 밥 자체를 아이가 좋아하는 것으로 만드는 거였어요.

그 이후로 아이와 미술관에 다녀오면 그곳에서 보았던 그림들을 샌드위치로 만들고, 만화를 보면 주인공의 얼굴로 주먹밥을 만들어줬어요. 고맙게도 혁이는 엄마의 진심과 정성을 알아줬어요. 어설프고 완벽하지 않아도, 안 먹는 채소를 잘게 다져서 볶음밥이나 주먹밥에 넣어 캐릭터로 만들어주면 언제 밥상을 거부했나 싶게 너무 잘 먹었어요.

또 밥을 먹을 때마다 "우와! 어제 혁이랑 같이 본 만화에서 나온 친구가 밥상에도 있네?", "밥에 눈, 코, 입이 어디에 있을까? 함께 찾아볼까?" 이런 식으로 자연스럽게 대화를 하다 보니 식사시간은 곧 놀이시간이 되고, 우리는 이전보다 더 가까운 모자이자 친구 사이가 됐어요.

원래 아기자기하고 소소하게 예쁜 것을 좋아해서 캐릭터 밥상을 차리는 일이 재미있었어요. 김, 치즈를 세심하게 자르는 게 쉽지는 않았지만 혁이가 밥 먹는 시간을 즐거워하고, 어느 때는 오히려 식사시간을 기다리는 걸 보면서 힘들었던 게 눈 녹듯 사라졌어요. 그 모습을 보며 평소에 안 먹는 영양분이 가득한 다양한 식재료로 맛있는 요리를 만들어주고 싶다는 의지가 불타올랐죠. 그때 깨달았어요. 캐릭터 요리를 하기로 마음먹은 건 혁이에게 밥을 잘 먹이기 위해서이기도 하지만 나의 진심과 사랑을 전하고 싶어서라는 걸요.

먼 훗날 혁이와 지금을 추억하기 위해서 인스타그램에 기록들을 하나씩 올리기 시작했어요. 온전하게 혁이와 저만을 위해서 시작한 일이었는데, 시간이 흐르면서 비숫한 어려움을 가졌던 수많은 분들이 공감하며 관심을 가져주셨어요. 덕분에 백화점 아카데미에서 캐릭터 도시락 강의를 하는 좋은 기회도 얻을 수 있었고, 지금은 저만의 공방에서 캐릭터 도시락은 물론이고 디저트까지 만들고 있어요.

이 책을 진행하면서 지금까지 해왔던 요리들을 재정비하다가 문득 캐릭터 요리에는 정답이 없다는 생각이 들었어요. 누군가가 SNS에 완벽하게 올린 음식 사진을 보며 '나는 왜 저렇게 하지 못할까?' 이런 생각을 할 필요가 없어요. 내가 얼마나 완벽하게 했는지, 책과 똑같이 요리를 했는지는 중요하지 않아요. 저도 그렇고, 이 책을 읽고 있는 여러분도 모두 내 아이에게 좋은 음식을 맘껏 먹이고 싶다는 예쁜 마음에서부터 시작한 거잖아요. 이 책이 작게나마 도움을 주고, 부디 여러분 각자의 개성과 매력이 넘치는 캐릭터 요리를 하시길 바라요. 아이들은 엄마의 정성과 진심을 알아줄 거예요.

마지막으로 이 책을 가장 먼저 엄마에게 선물하고 싶어요. 어쩌면 제가 아들에게 전하는 마음보다 책을 쓰는 동안 옆에서 챙겨준 엄마의 밥상이 더 따뜻했는지도 모르겠어요. 또 이 책이 나올 수 있도록 도움을 주신 모든 분들에게 감사의 말씀을 드리고 싶어요.

2018년 6월
허인

"엄마, 함께 만들어요!"

"잘 먹겠습니다~!"

CONTENTS

INTRO

캐릭터 요리를 하기 전에
알아두면 좋아요

초보도 맛있게 만드는
재료 계량

요리의 기본은 간이죠! 레시피를 따라 하기 전에 계량하는 법을 알면 간도 제대로 맞출 수 있고,
더욱 쉽게 요리할 수 있어요. 특히 아이들이 먹는 음식은 어른들의 입맛에 맞추면 자극적일 수 있어요.
아이들 입맛에 맞는 계량법을 알려드릴게요. 재료를 계량하는 도구는 다양하지만,
이 책에서는 구하기 쉬운 어른 밥숟가락과 종이컵을 이용해서 계량했어요.

가루 재료 계량하기

소금이나 설탕, 고춧가루 등 가루로 된 양념을 계량하는 방법이에요.

1큰술

양념을 숟가락 위로 수북하게 올라오도록 담아요.

1/2큰술

양념을 숟가락의 절반 정도만 담아요.

1꼬집

엄지와 검지로 꼬집듯이 양념을 집어요.

액체 재료 계량하기

간장이나 올리브유, 꿀 등 액체로 된 양념을 계량하는 방법이에요.

1큰술

숟가락에 양념이 찰랑거릴 정도로 담아요.

1/2큰술

숟가락의 가장자리가 약간 보이도록 양념을 담아요.

육수 1컵

종이컵(=180ml)에 가득 담아요.

된장이나 케첩, 다진 마늘과 같은 양념을 계량하는 방법이에요.

된장 1큰술

양념을 숟가락 위로 볼록하
게 올라오도록 담아요.

된장 1/2큰술

양념을 숟가락의 절반 정도
만 담아요.

다진 마늘 1큰술

양념을 꼭꼭 눌러 담듯이 숟
가락 위로 볼록하게 올라오
도록 담아요.

다진 마늘 1/2큰술

양념을 꼭꼭 눌러 담듯이 숟
가락의 절반 정도만 담아요.

부추나 대파, 버섯과 같은 채소를 계량할 때 주로 쓰는 방법이에요.

부추 1줌

엄지와 검지를 500원 동전 크기만큼 오므려서 쥐어요.

음식 맛을 살리는
재료 썰기

요리마다 재료를 써는 방법이 달라요. 특히 캐릭터 요리는 캐릭터와 재료의 모양이
잘 어우러져야 완성도가 높아지기 때문에 재료 써는 방법을 숙지하고 있는 게 좋아요.
이 책에서 쓰인 썰기 방법을 알려드릴게요.

편 썰기

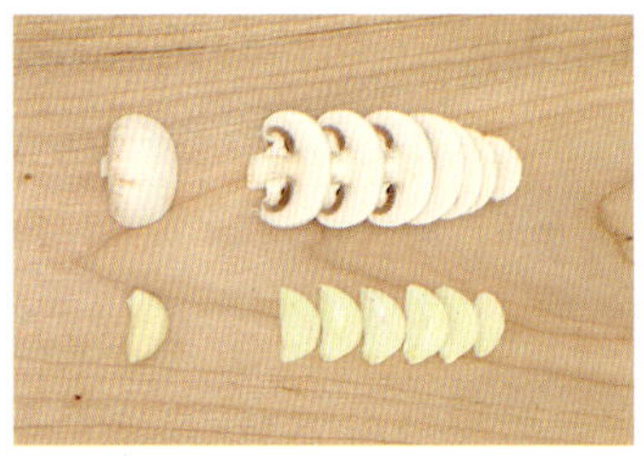

재료 모양의 단면을 그대로 살려서 얇게 써는 방법이에요. 마늘, 생강, 양송이버섯 등을 썰 때 쓰여요.

슬라이스 하기

연근이나 토마토, 양파와 같은 동그란 재료의 원 모양을 살려서 써는 방법이에요. 칼을 똑바로 세워 일정한 두께로 썰어요.

깍둑썰기

주사위처럼 네모난 모양으로 재료를 써는 방법이에요. 재료를 막대 모양으로 썬 뒤 주사위 모양으로 다시 네모나게 썰어요. 주로 카레, 덮밥 소스 등을 만들 때 쓰여요.

어슷썰기

대파, 고추 등 가늘고 긴 재료를 비스듬하게 써는 방법이에요. 국, 찌개에 넣거나, 무침의 고명으로 올릴 때 쓰여요.

송송 썰기

고추나 쪽파 등 가늘고 긴 재료의 동그란 단면을 살려서 써는 방법이에요. 무침이나 볶음 요리를 할 때 쓰여요.

나박 썰기

무를 막대 모양으로 썬 뒤 그 모양을 살려서 얇게 써는 방법이에요. 주로 뭇국이나 김치를 만들 때 쓰여요.

반달썰기

둥근 모양의 재료를 반으로 자른 후 다시 가로로 써는 방법이에요. 애호박, 당근 등을 국이나 찌개에 넣을 때 쓰여요.

채 썰기

편 썰기 한 재료를 포개서 다시 가늘게 써는 방법이에요. 채소볶음이나 무침을 만들 때 많이 쓰여요.

다지기

재료를 채 썰기 한 후 포개서 가로로 잘게 써는 방법이에요. 주로 양념장 안에 넣거나 스테이크, 부침의 속재료를 만들 때 쓰여요.

한입 크기로 썰기

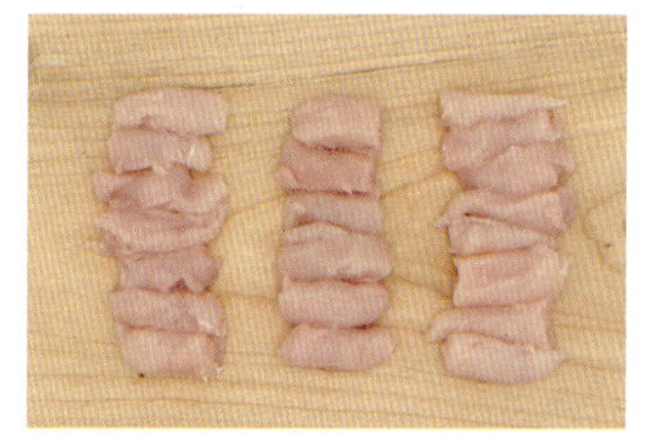

한입에 먹기 좋은 크기로 써는 방법이에요. 요리를 먹는 대상에 따라 크기가 달라질 수 있어요.

쉽게 만드는
꾸미기 도구

캐릭터 요리를 만들 때 꾸미기 도구가 있으면 손재주가 없거나 능숙하지 않더라도 쉽게 만들 수 있어요.
이 책에서 쓰인 도구들은 천 원 숍이나 마트 등 주변에서 흔히 구할 수 있는 것들이에요.

계량컵

밥을 원형으로 만들 때 쓰여요. 계량컵 안에 랩을 깔고 그 안에 밥을 넣으면 쉽게 원형으로 만들 수 있어요. 천 원 숍이나 마트 베이킹 코너에서 구매할 수 있어요.

가위

김, 치즈 등을 캐릭터 모양으로 자를 때 쓰여요. 크기가 작은 캐릭터를 자를 때는 쪽가위를 쓰면 더 쉽게 자를 수 있어요.

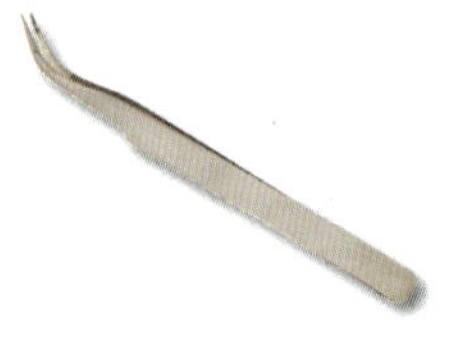

핀셋

김을 밥에 붙일 때 쓰여요. 특히 크기가 작은 김은 손이 닿으면 금세 쪼그라드는데, 핀셋을 이용하면 실패 없이 쉽게 붙일 수 있어요. 끝이 구부러진 미용 핀셋이나 공예용 핀셋이 사용하기에 좋아요.

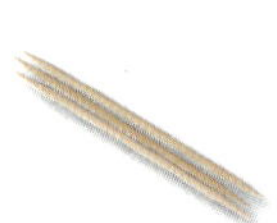

이쑤시개

재료에 구멍을 뚫거나 재료끼리 연결, 고정을 해야 할 때 주로 쓰여요. 핀셋 대신에 작은 데코를 밥에 붙일 때도 활용할 수 있어요.

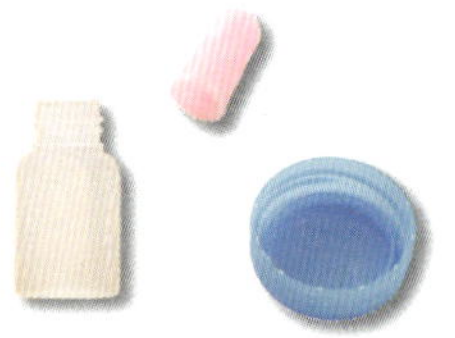

약병, 약병 뚜껑, 생수 뚜껑

치즈를 동그랗게 자를 때 쓰여요. 약병, 약병 뚜껑은 동물 캐릭터를 만들 때 눈이나 코, 입 크기에 딱 맞아서 좋아요.

빨대

약병, 생수 뚜껑보다 작은 동그라미를 만들 때 쓰여요. 메추리알, 비엔나소시지, 치즈에 구멍을 뚫을 때에도 쓰기 좋아요. 빨대의 원통 사이즈가 다양하면 여러 가지로 활용할 수 있어요.

고명 틀

꽃, 하트, 별 등 다양한 모양을 만들 때 쓰여요. 곡선을 살리면서 재료를 자르기가 쉽지 않은데, 고명 틀을 사용하면 아주 쉽게 재료를 자를 수 있어요. 온라인이나 베이킹 도구를 판매하는 곳에서 구입할 수 있어요.

쿠키 틀

약병, 생수 뚜껑보다 큰 동그라미를 만들 때 쓰여요. 온라인이나 베이킹 도구를 판매하는 곳에서 구입할 수 있어요.

김 펀치

김을 웃는 표정이나 곰돌이 얼굴 모양 등으로 자를 때 쓰여요. 캐릭터 요리를 할 때 가장 어려운 부분이 바로 눈, 코, 입을 작고 세밀하게 자르는 거예요. 눈, 코, 입이 섬세할수록 캐릭터의 완성도가 높아져요. 온라인에서 '김 펀치'라고 검색하면 쉽게 구입할 수 있어요.

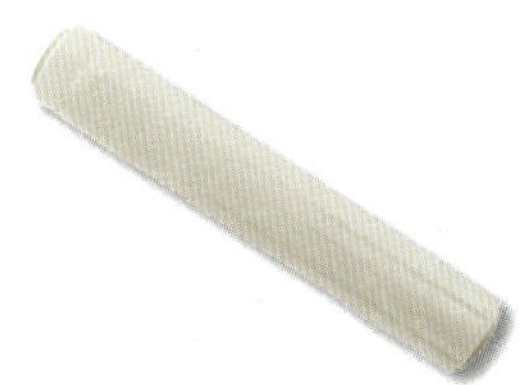

랩

다양한 모양의 주먹밥을 만들 때 쓰여요. 밥을 랩으로 싸면 원하는 캐릭터 모양을 손으로 쉽게 만들 수 있어요. 또 완성한 요리를 바로 먹지 않을 때 랩으로 싸두면 모양도 고정되고, 표면이 마르는 걸 막을 수 있어요.

데코꽂이

캐릭터를 고정시킬 때나 밋밋한 과일, 채소에 꽂아서 꾸밀 때 쓰여요. 캐릭터 밥상이나 도시락을 만들 때 데코꽂이를 과일에 꽂아주는 것만으로도 더욱 예뻐져요. 천 원 숍이나 마트에서 구입할 수 있어요.

초코펜

과일, 빵 등에 그림을 그릴 때 쓰여요. 색상도 다양해서 구비해놓으면 활용도가 높아요. 천 원 숍이나 마트에서 구입할 수 있어요.

예쁘게 만드는
꾸미기 재료

캐릭터 요리를 만들 때 결코 빠져서는 안 될 꾸미기 재료들이에요.
캐릭터의 눈, 코, 입을 만들거나 캐릭터 자체를 표현할 때 꼭 필요한 재료랍니다.
이 책에서 쓰인 꾸미기 재료를 알려드릴게요.

노란 치즈

꽃 모양을 만들거나 특정 캐릭터의 얼굴을 표현할 때 쓰여요. 따뜻한 밥 위에 노란 치즈를 얹어주기만 해도 노란색을 표현하는 캐릭터를 만들 수 있어요.

흰 치즈

캐릭터의 눈, 코, 입을 만들 때 쓰여요. 흰색을 띠는 유아용 치즈나 사각으로 나온 모차렐라치즈를 사용해요.

블랙 치즈

기차나 자동차처럼 특정 캐릭터를 만들 때 쓰여요. 오징어먹물, 검은콩, 흑미, 검은깨가 들어간 사각 슬라이스 치즈예요.

김

캐릭터 요리를 할 때 가장 필수인 재료로, 캐릭터의 눈, 코, 입을 만들 때 쓰여요. 김은 김밥용 김을 사용하는 게 맛도 좋고, 색깔도 가장 적당해요.

비엔나소시지

캐릭터 반찬을 만들 때 가장 많이 쓰여요. 요즘에는 다양한 크기의 비엔나소시지가 나오고 있어서 활용도가 높아요. 끓는 물에 데쳐서 사용하면 짠맛이나 기타 첨가물이 빠져서 좋아요.

슬라이스햄

샌드위치를 만들거나 캐릭터에 분홍색이 필요할 때 쓰여요. 햄 자체가 살색이라서 얼굴을 표현할 때 사용하기 좋아요.

맛살

캐릭터에 붉은색이 필요할 때 쓰여요. 맛살 껍질이라고 부르는 맛살 윗면의 붉은 부분을 주로 쓰는데, 캐릭터의 입, 볼터치, 리본 등을 만들 때 사용해요.

브로콜리

캐릭터 반찬을 만들 때 뿌리 역할로 쓰거나, 캐릭터 도시락을 만들 때 비어 있는 틈새를 채울 때 쓰여요. 모양이 풍성하고 영양도 풍부하여 캐릭터 요리를 할 때 아주 좋은 재료예요.

메추리알

캐릭터 반찬을 만들 때 쓰여요. 삶은 후 껍질을 까서 검은깨만 꽂아도 금세 캐릭터 반찬이 된답니다. 카레가루나 비트가루를 넣은 물에 넣어두면 알록달록한 메추리알도 만들 수 있어서 캐릭터 요리에서 자주 활용하는 재료예요.

캐릭터 어묵

평범한 볶음 반찬이나 국수를 특별한 캐릭터 요리로 변신시킬 때 쓰여요. 다양한 모양의 캐릭터 어묵이 있으니 구비해놓으면 여러모로 쓸모가 많아요. 마트에서는 잘 판매하지 않고, 온라인에서 '피쉬볼' 혹은 '모양 어묵'이라고 검색하면 구입할 수 있어요.

스파게티면

스파게티면은 튀겨서 이쑤시개 대신 고정하는 용도로 쓰여요. 팬에 약불로 해서 면이 갈색으로 변할 때까지 볶아주거나 기름을 두르고 튀겨서 사용해요.

리본파스타

캐릭터 요리를 할 때 리본 장식으로 쓰거나 평범한 파스타를 캐릭터 요리로 변신시킬 때 쓰여요. 모양 자체가 예뻐서 캐릭터 요리에 활용하기 좋아요. 일반 대형 마트보다 백화점 수입 음식 코너에서 구입하기 쉬워요.

스프링클

캐릭터에 알록달록한 색감을 넣고 싶을 때 쓰여요. 캐릭터 요리 후 허전한 곳에 조금만 뿌려도 화려한 색감 덕분에 요리가 살아나요. 온라인에서 '스프링클', '식용구슬'이라고 검색하면 구입할 수 있어요.

케첩

캐릭터에 볼터치를 표현할 때 쓰여요.

안전하게 만드는
천연재료

캐릭터 요리를 할 때 밥에 색을 넣는 경우가 많아요. 요즘은 식용색소도 잘 나오지만,
색소를 사용하지 않고 캐릭터의 색깔을 표현할 수 있는 천연재료들이 많답니다.
이 책에서 쓰인 천연재료를 소개할게요.

붉은색

비트가루

비트는 슈퍼 푸드로 유명한 채소예요. 빨간색, 분홍색을 낼 때 비트가루를 사용하면 쉽게 물들일 수 있어요. 밥에 소량 섞어 참기름과 비벼 먹으면 맛도 좋아요.

살색

케첩

케첩을 소량 사용하면 살색을 만들기 좋아요.

명란젓

껍질을 제거해서 참기름과 섞으면 은은한 살색에 맛도 좋아요.

노란색

카레가루

밥에 카레가루를 소량 섞으면 노란색 밥을 만들 수 있어요. 또 카레가루를 물에 섞어서 삶은 메추리알을 담가놓으면 노란 메추리알도 만들 수 있어서 활용도가 높아요.

달걀 노른자

삶은 달걀에서 노른자만 으깨서 사용해요. 밥과 섞으면 노란색 밥을 만들 수 있어요.

단호박가루

단호박은 식이섬유도 풍부하지만 색깔이 고와서 밥에 참기름과 함께 섞으면 고운 노란색의 맛있는 밥을 만들 수 있어요.

시금치가루

시금치를 삶아서 말린 후 가루로 만든 거예요. 밥과 섞으면 진하지 않은 초록색을 만들 수 있어요. 더불어 시금치를 말리면 단백질 함량이 높아져서 건강에도 좋답니다.

다진 브로콜리

브로콜리의 머리 부분을 잘게 다져서 밥이랑 섞어서 사용해요. 영양도 많고 평소에 브로콜리를 먹지 않는 아이도 예쁜 색깔 덕분에 자연스럽게 먹는답니다.

청치자가루

청치자가루는 극소량만 넣어도 예쁜 파란색 밥을 만들 수 있어요. 많이 넣으면 색이 너무 진해질 수 있으니 조심해서 사용해요.

흑임자가루

검은깨를 간 가루예요. 검은색 캐릭터를 만들 때 좋아요. 참기름과 섞어서 만들면 담백하고 고소해서 맛도 일품이에요.

김가루

완전 검은색보다 군데군데 얼룩이 있는 캐릭터를 만들고 싶을 때 김을 잘게 부셔서 사용해요.

더욱 예쁘게 완성하는
플레이팅

열심히 주먹밥도 만들고 캐릭터의 눈, 코, 입도 힘들게 잘라서 붙였는데,
어딘지 허전하고 조금 부족하다고 느껴질 때가 있죠?
캐릭터 그 자체만으로도 이미 최고지만, 플레이팅에 좀 더 신경을 쓰면 캐릭터를 더욱 돋보이게 할 수 있어요.
캐릭터 요리를 완벽하게 해줄 노하우를 소개할게요.

쌈 채소는 필수!

캐릭터 주먹밥을 도시락 통에 담을 때는 상추 같은 쌈 채소를 깔고 담으면 더 예뻐요. 또 주먹밥을 담고서 생긴 틈새에 캐릭터 반찬이나 과일 등을 채워주면 캐릭터가 흐트러지지 않고 풍성해보여서 완성도 높은 도시락이 돼요.

눈, 코, 입을 붙여요!

캐릭터 요리라고 해서 꼭 모양 주먹밥을 만들지 않아도 괜찮아요. 밥을 담고 김으로 눈, 코, 입만 붙여도 특별한 밥상이 돼요. 이 정도만 해도 캐릭터의 느낌이 확 살아나서 예쁜 캐릭터 식판식을 만들 수 있어요.

데코꽂이를 적극 활용!

자칫 밋밋해 보일 수 있는 과일과 반찬에 알록
달록하고 다양한 모양의 데코꽂이만 꽂아도
아기자기하고 예쁜 도시락이 완성돼요.

캐릭터 반찬으로 시선집중!

캐릭터 반찬들을 적극적으로 활용해요. 손재
주가 없어도 몇 가지 노하우만 알면 쉽게 만들
수 있는 캐릭터 반찬들을 미리 만들어두었다
가 밥상이나 도시락에 쏙쏙 넣어주면 귀엽고
사랑스러운 캐릭터 요리가 완성돼요.

5가지 재료로 만드는
26가지 캐릭터 반찬

요리 솜씨가 없어도, 손재주가 없어도 예쁘게 만들 수 있는 다양한 모양의 캐릭터 반찬을 소개할게요.
변신을 가장 다양하게 할 수 있는 비엔나소시지, 메추리알, 방울토마토, 맛살, 달걀, 이렇게 단 5가지 재료로
26가지 캐릭터 반찬이 완성돼요. 도시락을 쌀 때나 밥상에 한두 개씩 올려주면 아이들이 아주 좋아한답니다.
한입에 쏙 들어가는 캐릭터 반찬을 함께 만들어봐요.

비엔나소시지

가장 변화무쌍한 재료예요. 아이들이 가장 좋아하는 반찬이기도 하고요.
요즘에는 동글동글하거나 큼지막한 비엔나소시지도 나와서 다양한 캐릭터를 만들 수 있어요.
캐릭터를 만들기 전에 소시지를 끓는 물에 살짝 데쳐서 사용하면 짠맛을 줄일 수 있어요.

문어

재료 흰 치즈, 검은깨, 튀긴 스파게티면

1 비엔나소시지의 한쪽 끝을 일정한 간격
으로 칼집을 내요.

2 ①을 끓는 물에 넣고 다리 부분을 눌러 펼
치면서 데쳐요.

3 눈의 위치에 이쑤시개로 구멍을 낸 후
검은깨를 꽂아요.

4 흰 치즈를 빨대로 찍어 동그랗게 만들고,
튀긴 스파게티면을 꽂아서 입을 만들어요.

재료 흰 치즈, 튀긴 스파게티면, 김

1 타원형 비엔나소시지 1개는 1/3 정도만 잘라내어 꼬리를 만들어요.

2 동그란 비엔나소시지는 1/3 부분에 칼집을 내고 벌집 모양으로 칼집을 내요.

3 흰 치즈로 눈을 만들고, 김으로 눈동자를 만들어요.

4 몸통과 꼬리를 튀긴 스파게티면으로 꽂아서 연결하고, 눈을 붙여요.

재료 흰 치즈, 검은깨

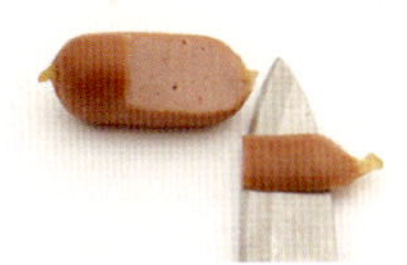

1 소시지의 한 면을 2/3 정도만 얇게 도려내요.

2 도려낸 부분의 반을 잘라서 날개를 만들어요.

3 흰 치즈를 빨대로 찍어 눈을 만들고, 검은깨로 눈동자를 만들어요.

4 ②에 눈을 붙여서 완성해요.

재료 흰 치즈, 검은깨, 노란 치즈

1 소시지 1/3 지점부터 끝까지 일정한 간
격으로 칼집을 내요.

2 끓는 물에 살짝 데쳐요.

3 칼집 낸 곳에 넣을 노란 치즈를 얇게 자
르고, 흰 치즈와 검은깨로 눈을 만들어요.

4 벌어진 틈에 노란 치즈를 넣고, 눈을 붙
여서 완성해요.

재료 흰 치즈, 검은깨, 튀긴 스파게티면,
통조림 옥수수

1 소시지 1/3 지점에 빨대를 꽂아 옥수수
를 넣을 구멍을 내요.

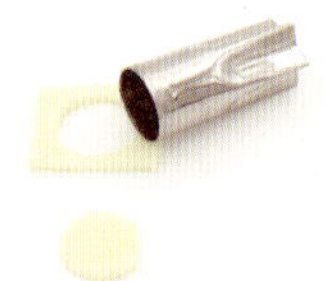

2 흰 치즈를 쿠키 틀 혹은 약병 뚜껑으로
찍어 배를 만들어요.

3 다른 소시지는 얇게 슬라이스 해서 날개
를 만들어요.

4 ①에 옥수수를 꽂고, 배를 붙여요. 날개
는 튀긴 스파게티면으로 꽂고 흰 치즈와
검은깨로 눈을 만들어요.

곰

재료 흰 치즈, 튀긴 스파게티면,
통조림 옥수수, 김

1 흰 치즈를 쿠키 틀 혹은 약병 뚜껑으로
찍어 원형을 만들어요.

2 김을 김 펀치로 눈, 코, 입을 만들어요.

3 소시지에 ①, ②를 붙여요.

4 옥수수를 튀긴 스파게티면으로 소시지
에 꽂아서 귀를 만들어요.

두더지

재료 구멍 뚫린 어묵, 흰 치즈, 검은깨, 김

1 구멍 뚫린 어묵에 소시지를 꽂아요.

2 흰 치즈를 빨대로 찍어 눈을 만들고, 검
은깨로 눈동자를 만들어요.

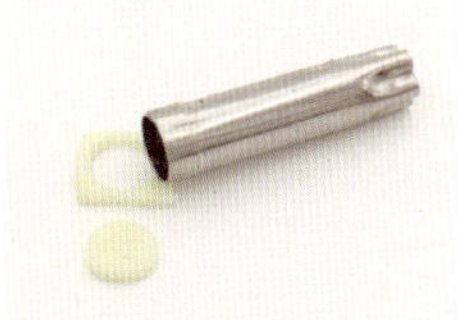

3 흰 치즈를 쿠키 틀 혹은 약병 뚜껑으로
찍어 원형을 만들어요.

4 ①에 ③을 튀긴 스파게티면으로 꽂고,
김으로 입을 만들어 붙이고, ②의 눈을 붙
여요.

재료 노란 치즈, 튀긴 스파게티면

1 타원형 비엔나소시지 1개를 2등
분해요.

2 빨대로 동그란 소시지를 찍어 구
멍을 내고, 노란 치즈도 같은 개수
만큼 찍어서 동그라미를 만들어요.

3 구멍 난 소시지에 노란 치즈를 껴
주고 튀긴 스파게티면을 준비해요.

4 튀긴 스파게티면으로 2등분한 타
원형 소시지를 양끝에 꽂아요.

재료 브로콜리, 튀긴 스파게티면

1 데친 소시지, 튀긴 스파게티면,
데친 브로콜리를 준비해요.

2 소시지 끝에 튀긴 스파게티면을
꽂아요.

3 튀긴 스파게티면에 브로콜리 줄
기를 꽂아요.

재료 데코꽂이

1 데친 소시지의 가운데를 대각선
으로 잘라요.

2 자른 소시지 하나를 반대로 뒤집
어 하트 모양을 만들어요.

3 데코꽂이(혹은 이쑤시개)로 꽂아
요.

슬라이스햄은 얇고 면적이 넓어서 캐릭터 반찬을 만들기에 좋은 재료예요.
넓은 면적을 이용해서 캐릭터 모양대로 자르기만 해도 좋고,
돌돌 말거나 잘라서 다른 재료와 함께 사용해도 좋아요.

꽃

재료 통조림 옥수수, 튀긴 스파게티면

1 슬라이스햄을 반으로 접고, 접은 면을
동일한 간격으로 칼집을 내요.

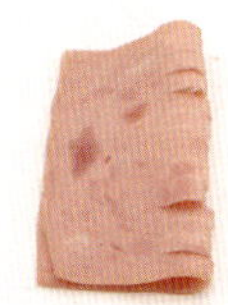

2 ①을 돌돌 말아 튀긴 스파게티면으
로 고정시켜요.

3 옥수수를 튀긴 스파게티면에 꽂아요.

4 ②의 한가운데에 ③을 꽂아요

메추리알도 삶으면 캐릭터 반찬을 만드는 데 아주 좋은 재료예요.
특히 삶은 메추리알을 비트가루나 카레가루를 섞은 물에 넣어두면 천연으로
색을 바꿀 수 있어서 다양한 캐릭터를 만들 수 있어요.

아기새

재료 검은깨, 케첩

1 메추리알의 흰자 부분을 뾰족뾰족하게 칼집 내어 잘라요.
tip 노른자를 잘라내지 않도록 조심해요.

2 노른자에 검은깨로 눈을 붙이고, 이쑤시개로 케첩을 찍어서 볼터치를 해요.

파인애플

재료 카레가루, 로즈마리

1 카레가루를 섞은 물에 메추리알을 30분간 담가요.

2 노란색으로 물든 메추리알에 벌집 모양으로 칼집을 내요.

3 메추리알 위쪽에 로즈마리를 꽂아요.

레몬

재료 카레가루, 무순

1 카레가루를 섞은 물에 메추리알을 30분간 담가요.

2 노란색으로 물든 메추리알에 이쑤시개로 구멍을 여러 개 내요.

3 메추리알 위쪽에 무순을 꽂아요.

재료 카레가루, 검은깨, 통조림 옥수수

1 카레가루를 섞은 물에 메추리알을 30분간 담가요.

2 노란색으로 물든 메추리알의 가운데를 빨대로 구멍을 내고, 이쑤시개로 눈을 찍어요.

3 ②에 옥수수를 꽂아요.

4 눈 위치에 검은깨를 꽂아요.

재료 비트가루, 검은깨, 튀긴 스파게티면, 애플민트 잎

1 비트가루를 섞은 물에 메추리알을 30분간 담가요.

2 분홍색으로 물든 메추리알에 이쑤시개로 구멍을 여러 개 낸 후, 그 자리에 검은깨를 꽂아요.

3 애플민트 잎을 별 모양으로 자르고 튀긴 스파게티면을 준비해요.

4 메추리알 위쪽에 튀긴 스파게티면으로 애플민트 잎을 꽂아요.

방울토마토는 건강에도 좋고 그 자체만으로도 올망졸망하고 예뻐서
다양한 캐릭터 반찬으로 만들 수 있는 좋은 재료예요.

시계

재료 흰 치즈, 김

1 흰 치즈를 쿠키 틀 혹은 약병 뚜
껑으로 찍어 원형을 만들어요.

2 김으로 시계 바늘을 만들어요.

3 방울토마토에 ①과 ②를 붙여요.

사과

재료 애플민트 잎, 튀긴 스파게티면

1 방울토마토, 튀긴 스파게티면, 애
플민트 잎을 준비해요.

2 방울토마토 꼭지 부분에 튀긴 스파
게티면으로 애플민트 잎을 꽂아요.

풍선

재료 데코꽂이

1 방울토마토와 데코꽂이를 준비해
요.

2 방울토마토 아랫부분에 데코꽂이
를 꽂아요.

재료 메추리알, 김, 블랙 치즈, 흰 치즈,
튀긴 스파게티면

1 메추리알, 방울토마토를 반으로 잘라요.

2 튀긴 스파게티면으로 자른 메추리알, 방울토마
토를 연결하고, 김을 길게 잘라 경계면을 둘러요.

3 빨대를 이용해서 블랙 치즈와 흰 치즈를 찍어
버튼을 만들어요.

4 ②에 ③을 붙여요.

재료 메추리알, 노란 치즈, 튀긴 스파게티면

1 메추리알, 방울토미토를 빈으로 질라요.

2 노란 치즈를 빨대로 찍어 원형을 만들어요.

3 튀긴 스파게티면으로 자른 메추리알, 방울토
마토를 연결하고, ②를 방울토마토에 붙여요.

맛살

캐릭터 요리에서 볼터치나 입처럼 분홍색이나 붉은색이 필요할 때 맛살을 자주 이용해요.
반찬에서도 맛살을 잘 이용하면 귀엽고 사랑스러운 캐릭터를 만들 수 있어요.

사과

재료 슬라이스햄, 튀긴 스파게티면, 검은깨, 애플민트 잎

1 맛살을 1cm 너비로 2개 잘라요.

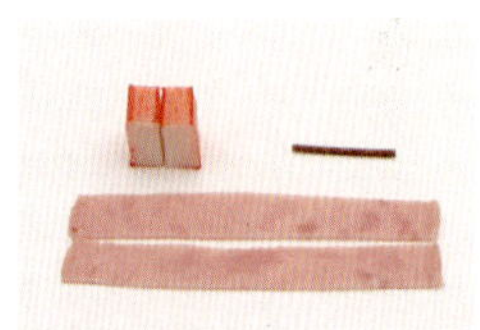

2 슬라이스햄을 맛살 너비로 길게 자르고, 튀긴 스파게티면을 준비해요.

3 맛살 2개를 슬라이스햄으로 둘러싼 후 위쪽에 튀긴 스파게티면을 꽂아요.

4 튀긴 스파게티면에 애플민트 잎을 꽂고, 검은깨를 맛살에 붙여요.

나무

재료 구멍 뚫린 어묵, 브로콜리, 튀긴 스파게티면

1 맛살의 껍질을 얇게 뜯어요.

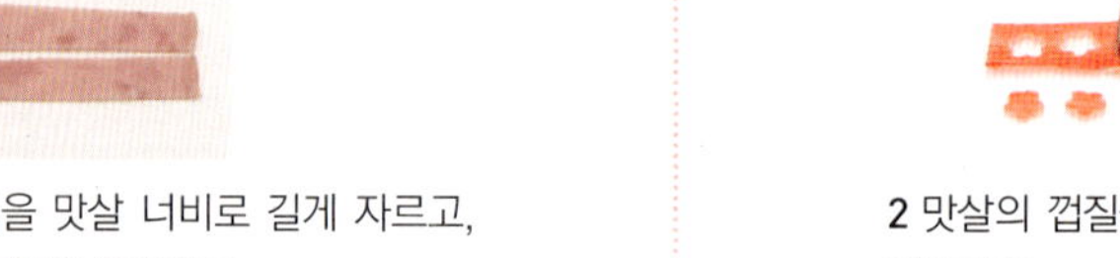

2 맛살의 껍질을 꽃 고명 틀로 찍어 꽃을 만들어요.

3 데친 브로콜리에 ②를 튀긴 스파게티면으로 꽂아요.

4 구멍 뚫린 어묵에 ③을 꽂아요.

달걀은 캐릭터 요리나 반찬을 만들 때 데코로 사용하기에 좋아요.
특히 달걀 고명은 여기저기에 다양하게 사용할 수 있으니 만들어보세요.

재료 소시지, 데코꽂이, 식용유	**재료** 소시지, 튀긴 스파게티면, 식용유	**재료** 식용유

1 달걀은 풀어서 체에 걸러요.	1 달걀은 풀어서 체에 걸러요.	1 달걀은 풀어서 체에 걸러요.

2 달군 팬에 식용유를 두르고 약한 불에 달걀을 얇게 부쳐요.	2 달군 팬에 식용유를 두르고 약한 불에 달걀을 얇게 부쳐요.	2 달군 팬에 식용유를 두르고 약한 불에 달걀을 얇게 부쳐요.
		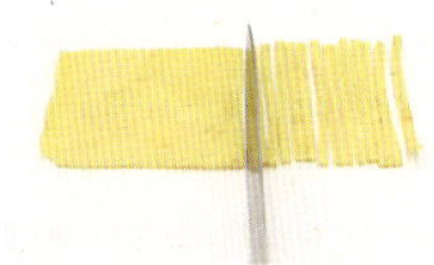
3 소시지는 끝을 자르고 벌집 모양을 낸 후 데치고, 부친 달걀은 반으로 접어서 동일한 간격으로 칼집을 내요.	3 부친 달걀을 반으로 접은 후, 접힌 부분에 일정한 간격으로 칼집을 내고 튀긴 스파게티면을 준비해요.	3 가늘게 동일한 크기로 채 썰어요.
	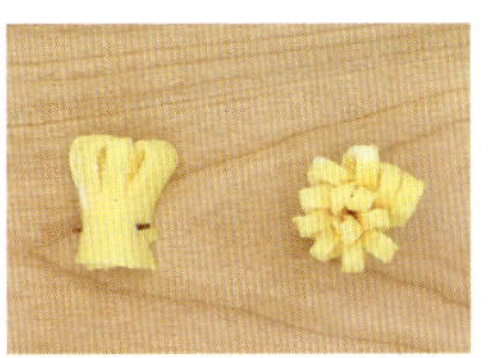	
4 소시지에 칼집을 낸 달걀을 둘러 싼 후 데코꽂이를 꽂아요.	4 달걀을 끝에서부터 안쪽으로 접으면서 돌돌 말아 튀긴 스파게티면으로 고정해요.	

매일매일 편식 없이 골고루

데일리 캐릭터 밥상

도라에몽 밥상

아이들의 입맛에 맞춰서 맵지 않은 간장제육볶음을 준비했어요. 고소한 맛이 일품인 버섯들깨탕과
방긋 웃고 있는 캐릭터 밥까지. 맛있고 영양이 가득 담긴 캐릭터 밥상을 만들어봐요.

주머니에서 영양이 넘칠 것 같은 도라에몽 밥

READY 밥 1공기, 참기름 1큰술, 흰 치즈 1장, 맛살 1/5개, 청치자가루 1꼬집, 김 약간
도구 쿠키 틀, 빨대, 가위

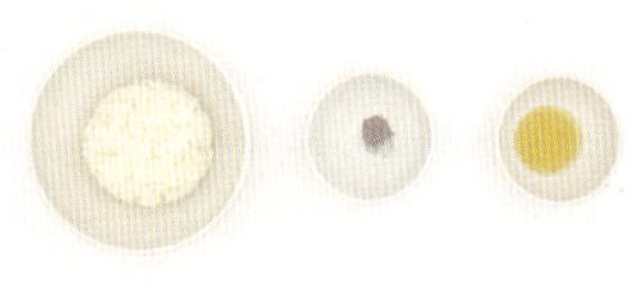

1

밥 1공기, 청치자가루, 참기름을 섞어요.

2

흰 치즈로 눈 테두리, 눈동자, 큰 원 1개를 만들고, 맛살의 껍질로 코, 김으로 눈, 수염, 코 주름, 입을 만들어요.

3

청치자가루를 섞은 밥 위에 ②를 붙여서 완성해요.

고소한 맛이 일품인 버섯들깨탕

READY 표고버섯 2개, 느타리버섯 150g, 들깨가루 5큰술, 양파 1/4개, 대파 1/2대, 다진 마늘 1큰술, 국간장 3큰술, 소금 약간
육수 멸치 10개, 다시마 1조각, 통마늘 5개, 무 1/10개, 양파 1/2개, 대파 1/3대

1

냄비에 물 7컵과 육수 재료를 넣고 끓이다가 육수가 끓어오르면 다시마를 건지고 10분간 더 끓여 육수를 만들어요.

2

흐르는 물에 버섯을 씻어서 표고버섯은 밑동을 가위로 자른 후 슬라이스 하고, 느타리버섯은 손으로 뜯어요.

3

끓는 물에 버섯을 살짝 데친 후, 찬물에 헹궈 물기를 짜서 국간장 1큰술을 넣고 재워요.

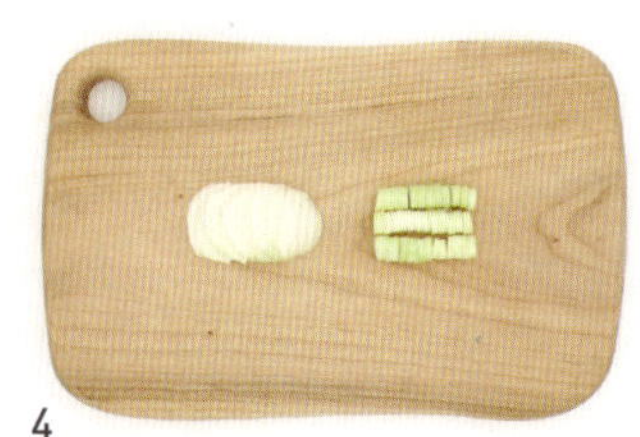

4

양파는 채 썰고, 대파는 송송 썰어요.

5

냄비에 육수 5컵, 버섯과 양파, 다진 마늘, 국간장 2큰술을 넣은 후 센 불에 한소끔 끓여요.

6

물에 들깨가루를 풀어서 ⑤에 넣고 끓어오르면 소금으로 간을 맞춘 후 대파를 넣어서 완성해요.

밥 먹기 싫어하는 아이를 위한 특선메뉴 간장제육볶음

READY 돼지고기 300g(앞다리살), 양파 1/2개, 대파 1/2대, 당근 1/4개, 올리고당 1큰술,
식용유 약간, 통깨 약간
양념장 간장 2큰술, 설탕 1큰술, 다진 양파 1/2큰술, 다진 마늘 1큰술,
맛술 2큰술, 참기름 1큰술, 후춧가루 약간

1

양파와 당근은 채 썰고, 대파는 어슷
썰기 해요.

2

돼지고기는 한입 크기로 썰고, 양념
장을 만들어요.

3

채소와 돼지고기에 양념장을 넣고
30분간 재워요.

4

달군 팬에 식용유를 두르고 ③을 볶
아요. 돼지고기가 익으면 올리고당
을 넣어 살짝 볶고 통깨를 뿌려서 완
성해요.

YUMMY good taste

초롱초롱 밥상

식탁 위에서 초롱초롱한 눈으로 쳐다보고 있는 달걀프라이를 보면 아이는 뭐라고 할까요?
마땅한 재료가 없을 때 통조림 옥수수와 참치에 안 먹는 채소를 다져 넣어 아이들이 좋아하는 반찬을 만들어봐요.

아이의 호기심을 자극하는 초롱초롱 밥

READY 밥 1공기, 흰 치즈 1/4장, 식용유 약간, 김 약간
도구 실리콘 틀, 빨대, 가위

1

김으로 눈, 코, 입을 만들고, 흰 치즈로 눈동자를 만들어요.

2

달군 팬에 식용유를 두르고 실리콘틀 안에 달걀을 넣은 후 약한 불에서 부쳐요.

3

달걀이 익으면 실리콘 틀에서 달걀을 분리시켜 밥 위에 얹고 노른자 위에 ①을 붙여서 완성해요.

영양이 풍부한 소고기미역국

READY 소고기 100g(양지), 마른미역 10g, 다진 마늘 1큰술, 무 1/10개, 국간장 2큰술,
참기름 약간, 까나리액젓 약간

1

미역은 30분간 불린 후 물기를 제거
해요.

2

소고기는 먹기 좋은 크기로 자르고,
무는 나박 썰기 해요.

3

냄비에 참기름을 두르고 다진 마늘
과 소고기를 넣고 볶다가 겉면이 익
으면 무, 미역, 국간장 1큰술을 넣고
볶아요.

4

물 7컵, 국간장 1큰술을 넣고 끓이
다가 까나리액젓으로 간을 맞춰서
완성해요.

DHA가 듬뿍 담긴 참치옥수수전

READY   참치 1캔, 통조림 옥수수 1/2캔, 양파 1/4개, 빨간 파프리카 1/4개, 쪽파 5대, 달걀 2개, 밀가루 2½큰술, 식용유 약간, 소금 약간, 후춧가루 약간

1

참치는 기름을 빼고, 옥수수는 물을 제거하여 준비해요.

2

파프리카와 양파는 다지고, 쪽파는 송송 썰어요.

3

달걀을 풀어 참치, 옥수수, 양파, 파프리카, 쪽파, 밀가루, 소금, 후춧가루를 넣고 섞어요.

4

달군 팬에 식용유를 두르고 약한 불에서 동그랗게 구워요.

눈사람 밥상

새하얀 밥에 당근 조각으로 코를 얹고, 치즈와 김으로 눈과 입만 만들어주면
아이들에게 인기만점인 캐릭터 밥상을 만들 수 있어요.

당장이라도 노래를 부를 것 같은 눈사람 밥

READY 밥 1공기, 흰 치즈 1장, 당근 약간, 김 약간
도구 쿠키 틀, 가위

1

흰 치즈로 눈, 이빨을 만들고, 당근
으로 코, 김으로 눈썹, 눈 테두리, 눈
동자, 입을 만들어요.

2

밥 위에 ①을 붙여서 완성해요.

칼슘과 철분이 풍부한 시금치된장국

READY 시금치 1/2단, 팽이버섯 1봉, 대파 1/2대, 다진 마늘 1/2큰술, 쌀뜨물 2컵, 된장 3큰술
육수 다시마 1조각, 건새우 15~20개, 멸치 5개, 양파 1/4개, 해감한 조개 8~10개

1

냄비에 물 5컵과 육수 재료를 넣고 끓이다가 육수가 끓어오르면 다시마를 건지고 10분간 더 끓여 육수를 만들어요.

2

팽이버섯은 3등분으로 썰고, 대파는 송송 썰어요.

3

시금치는 뿌리를 다듬고 소금을 넣은 끓는 물에 살짝 데친 후 찬물에 헹궈 물기를 짜서 3등분으로 잘라요.

4

자른 시금치는 된장 2큰술에 버무려 밑간을 해요.

5

만들어놓은 육수에 된장 1큰술, 쌀뜨물을 넣고 끓어오르면 건져둔 조개와 시금치, 팽이버섯, 다진 마늘, 대파를 넣은 뒤 한소끔 끓여요.

6

끓어오르면 된장으로 간을 맞춰서 완성해요.

온 가족이 좋아하는 감자채볶음

READY   감자 2개, 양파 1/2개, 당근 1/2개, 빨간 파프리카 1/4개, 노란 파프리카 1/4개, 쪽파 1대, 소금 1큰술,
올리브유 2큰술, 참기름 1/2큰술, 통깨 약간

1

파프리카와 양파는 채 썰고, 쪽파는
송송 썰어요.

2

감자와 당근은 채 썰어요.

3

냄비에 물 3컵, 소금 1/2큰술을 넣고
감자와 당근을 살짝 데친 후 물기를
빼요.

4

달군 팬에 올리브유를 두르고 감자,
파프리카, 당근, 양파와 소금 1꼬집
을 넣고 볶아요.

5

감자가 익으면 참기름과 쪽파를 넣
어 살짝 볶은 후 통깨를 뿌려서 완성
해요.

사자 밥상

고구마는 칼륨이 풍부하고 식이섬유가 많아서 변비가 있는 아이에게 아주 좋아요.
고구마 하나만 먹어도 하루에 필요한 비타민C를 섭취할 수 있답니다.
간식으로나 반찬으로나 좋은 식재료이니 자주 활용해보세요.

금방이라도 '어흥~' 하고 울 것 같은 치즈사자 밥

READY   밥 1공기, 달걀 3개, 노란 치즈 1장, 흰 치즈 1/2장, 당근 약간, 김 약간, 검은깨 약간
도구 약병 뚜껑, 빨대, 가위

1

달걀은 얇게 부친 후 채 썰어서 고명을 만들고, 밥 1공기를 준비해요.

2

흰 치즈로 눈 테두리, 눈동자를 만들고, 당근으로 코, 김으로 눈, 코, 코 주름, 입을 만들어요.

3

밥 위에 노란 치즈를 덮고, 밥 주위에 달걀 고명을 동그랗게 얹어요.

4

③에 ②를 붙이고, 검은깨를 붙여서 짧은 수염을 만들어 완성해요.

단백질이 풍부한 북어콩나물국

READY 북어포 50g, 콩나물 150g, 무 1/6개, 쪽파 1대, 굵은 소금 1/4큰술, 다진 마늘 1/2큰술, 소금 1꼬집, 국간장 약간, 참기름 약간
북어포 양념 국간장 1큰술, 다진 마늘 1큰술, 참기름 1/2큰술

1

콩나물은 씻어서 물기를 빼고, 북어포는 물에 헹궈 물기를 꼭 짠 후 잘게 찢어 북어포 양념으로 밑간을 해요.

2

무는 채 썰고, 쪽파는 송송 썰어요.

3

냄비에 참기름을 두르고 다진 마늘, 쪽파를 넣고 살짝 볶다가 밑간한 북어포를 넣고 볶아요.

4

③에 무, 소금 1꼬집을 넣고 한 번 더 볶아요.

5

④에 물 4컵을 붓고 10분간 끓인 후, 콩나물, 굵은 소금, 남은 쪽파를 넣고 콩나물이 익을 때까지 끓여요.

6

부족한 간은 국간장으로 맞춰서 완성해요.

비타민C 듬뿍, 맛도 듬뿍 고구마조림

READY 고구마 2개, 당근 1/3개, 쪽파 1대, 참기름 1큰술, 올리고당 1큰술, 소금 1/2큰술,
통깨 약간, 올리브유 약간
조림장 간장 1/3큰술, 설탕 2큰술, 다진 마늘 1/2큰술

1

고구마와 당근은 깍둑썰기 하고, 쪽
파는 송송 썰어요.

2

물 3컵에 소금을 넣고, 끓어오르면
고구마와 당근을 넣고 삶아요.

3

달군 팬에 올리브유를 두르고 삶은
고구마, 당근을 넣어 조림장과 함께
조려요.

4

고구마에 간이 배면 올리고당, 쪽파,
참기름을 넣어서 살짝 볶고 통깨를
뿌려서 완성해요.

자동차 밥상

준비해놓은 연근 반찬만 있으면 쉽게 자동차 밥상을 만들 수 있어요.
아이와 함께 연근으로 자동차 바퀴를 만들어볼까요?

귀엽고 아기자기한 자동차 주먹밥

READY　밥 1공기, 블랙 치즈 1장, 연근 1조각(조림)
도구 랩, 가위, 칼

1

밥 1공기를 2등분하여 랩에 넣고 직사각형 1개, 정사각형 1개를 만들고, 블랙 치즈로 창문, 연근으로 바퀴를 만들어요.

2

직사각형 밥 위에 정사각형 밥을 얹은 후 만들어놓은 데코를 합쳐서 완성해요.

맛도 좋고 영양도 가득한 오징어뭇국

READY 오징어 1마리, 무 1/6개, 다진 마늘 1큰술, 대파 1/2대, 국간장 2큰술, 굵은 소금 3꼬집, 참기름 약간
육수 멸치 10개, 다시마 1조각, 통마늘 5개, 무 1/10개, 양파 1/2개, 대파 1/3대

1

냄비에 물 7컵과 육수 재료를 넣고 끓이다가 육수가 끓어오르면 다시마를 건지고 10분간 더 끓여 육수를 만들어요.

2

오징어는 깨끗이 씻어 껍질을 벗기고 먹기 좋은 크기로 잘라요.

3

무는 나박 썰기 하고, 파는 송송 썰어요.

4

냄비에 참기름을 두르고 무를 넣어 볶다가 어느 정도 익으면 다진 마늘, 굵은 소금을 넣고 볶아요.

5

④에 육수 5컵을 넣고 끓어오르면 손질해둔 오징어, 국간장을 넣고 팔팔 끓여요.

6

오징어가 익으면 대파를 넣고 한소끔 끓여서 완성해요.

아삭아삭한 식감이 좋은 연근조림

READY 연근 1개(200g), 식초 1큰술, 올리고당 약간, 통깨 약간
조림장 물 1컵, 진간장 5큰술, 올리고당 2큰술, 흑설탕 1큰술, 청주 1큰술,
다진 마늘 1/2큰술

1

연근은 깨끗이 씻어 껍질을 벗기고
슬라이스 해요.

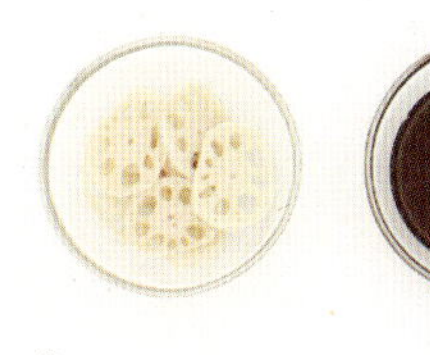

2

끓는 물에 식초를 넣어 연근을 데치
고, 조림장을 만들어요.

3

냄비에 조림장을 넣고 끓어오르면
데친 연근을 넣고 조려요.

4

물기가 없을 정도로 조려지면 올리
고당과 통깨를 뿌려서 완성해요.

 good taste

눈코입 밥상

달걀프라이에 눈, 코, 입을 붙여주는 것만으로도 귀여운 캐릭터 밥상이 돼요.
쉽고 간단하지만 밥 먹기를 거부하는 아이들을 밥상 앞으로 불러 모으기에 제격이랍니다.

간단하게 재밌는 밥상을 만드는 눈코입 밥

READY 밥 1공기, 달걀 1개, 흰 치즈 1/4장, 식용유 약간, 김 약간
도구 실리콘 틀, 가위, 약병 뚜껑

1

김으로 눈동자, 코, 입을 만들고, 흰 치즈로 눈을 만들어요.

2

달군 팬에 식용유를 두르고 실리콘 틀 안에 달걀을 넣은 후 약한 불에서 부쳐요.

3

달걀이 익으면 실리콘 틀에서 달걀을 분리시켜 밥 위에 얹고 노른자 위에 ①을 붙여서 완성해요.

소화를 돕는 무와 고기의 환상궁합 소고기뭇국

READY　　소고기 150g(양지), 무 1/3개, 대파 1/2대, 액젓 1큰술, 참기름 1큰술, 굵은 소금 3꼬집
소고기 양념 간장 1/2큰술, 참기름 1/2큰술, 다진 마늘 1/2큰술, 후춧가루 약간

1

소고기에 소고기 양념을 넣고 버무려요.

2

무는 나박 썰기 하고, 대파는 송송 썰어요.

3

냄비에 참기름을 두르고 소고기를 볶아요.

4

소고기의 겉면이 익으면 무를 넣고 무가 투명해질 때까지 볶아요.

5

④에 물 6컵, 굵은 소금을 넣고 센 불에 끓여요.

6

위에 뜬 거품을 걷어내고 액젓으로 간을 맞춘 후 대파를 넣고 한소끔 끓여서 완성해요.

고소하고 바삭바삭한 부추감자전

READY 부추 1줌, 감자 1개, 양파 1/4개, 빨간 파프리카 1/6개, 밀가루 2큰술, 소금 약간, 식용유 약간

1

감자는 껍질을 벗긴 후 갈아서 준비해요.

2

부추는 깨끗이 씻어 1cm 길이로 썰어요.

3

양파와 파프리카는 잘게 다져요.

4

파프리카, 양파와 부추, 간 감자에 밀가루, 소금을 넣어 섞어요.

5

달군 팬에 식용유를 두르고 중간 불에서 동그랗게 부쳐요.

6

앞뒤로 노릇하게 부쳐서 완성해요.

포켓볼 밥상

아이들 사이에서 큰 인기가 있는 몬스터가 주인공인 밥상이에요.
아이들이 너무 좋아해서 안 먹는 반찬도 잘 먹는답니다.

당장 전기를 내뿜을 것 같은 피카츄 밥

READY   밥 1공기, 단호박가루 1/3큰술, 참기름 1/2큰술, 맛살 1/3개, 흰 치즈 1/4장, 김 약간
도구 약병, 약병 뚜껑, 가위

1

밥 1공기, 단호박가루, 참기름을 섞어요.

2

흰 치즈로 눈동자를 만들고, 맛살의 껍질로 볼터치와 혀를 만들고, 김으로 눈, 코, 입을 만들어요.

3

단호박가루를 섞은 밥 위에 ②를 붙여서 완성해요.

시원하고 깔끔한 콩나물국

READY 콩나물 300g, 쪽파 2대, 새우젓 1/2큰술, 소금 1꼬집, 국간장 1큰술, 다진 마늘 1/2큰술
육수 멸치 10개, 다시마 1조각, 통마늘 5개, 무 1/10개, 양파 1/2개, 대파 1/3대

1

냄비에 물 7컵과 육수 재료를 넣고 끓이다가 육수가 끓어오르면 다시마를 건지고 10분간 더 끓여 육수를 만들어요.

2

콩나물은 깨끗이 씻어서 물기를 빼요.

3

쪽파는 송송 썰고, 새우젓을 준비해요.

4

냄비에 육수 5컵을 넣고 끓어오르면 콩나물과 소금 1꼬집을 넣고 끓여요.

5

콩나물이 익으면 다진 마늘, 국간장을 넣고 한소끔 끓여요.

6

쪽파를 넣고, 새우젓으로 간을 맞춘 후 완성해요.

알록달록 예쁘고 맛있는 토마토버섯볶음

READY 방울토마토 15개, 양송이버섯 2개, 쪽파 1대, 다진 마늘 1/3큰술, 간장 1/3큰술,
올리고당 1큰술, 소금 1꼬집, 올리브유 약간
달걀물 달걀 2개, 우유 3큰술, 설탕 1/3큰술

1

방울토마토는 반으로 자르고 양송
이버섯은 편 썰고 쪽파는 송송 썰
어요.

2

달걀물을 만들어요.

3

달군 팬에 올리브유를 두르고 다진
마늘을 살짝 볶다가 양송이버섯, 소
금을 넣고 볶아요.

4

③에 방울토마토, 쪽파, 간장, 올리
고당을 넣고 살짝 볶은 후 달걀물을
붓고 한 번 더 볶아서 완성해요.

시무룩 밥상

멸치볶음은 칼슘이 풍부해서 아이들에게는 필수 밑반찬이죠.
두뇌에 좋고 불포화지방산이 풍부한 호두까지 넣어주면 영양만점이랍니다.

힘이 없는 날에는 시무룩 밥

READY 밥 1공기, 달걀 1개, 흰 치즈 1/4장, 식용유 약간, 김 약간
도구 실리콘 틀, 가위

1

김으로 눈, 입을 만들고, 흰 치즈로
입보다 작게 이빨을 만들어요.

2

달군 팬에 식용유를 두르고 실리콘
틀 안에 달걀을 넣은 후 약한 불에
서 부쳐요.

3

달걀이 익으면 실리콘 틀에서 달걀
을 분리시켜 밥 위에 얹고 노른자 위
에 ①을 붙여서 완성해요.

식이섬유가 풍부한 소고기배춧국

READY 소고기 100g(국거리용), 배추 4장, 일본된장 1큰술, 대파 1/2대
소고기 양념 간장 1/2큰술, 참기름 1/2큰술, 다진 마늘 1/2큰술, 후춧가루 약간
육수 쌀뜨물 7컵, 일본된장 1큰술, 다시마 1조각

1

소고기는 키친타월로 핏물을 제거한 후 소고기 양념을 넣고 버무려요.

2

냄비에 쌀뜨물과 육수 재료를 넣고 끓이다가 육수가 끓어오르면 다시 마를 건지고 10분간 더 끓여 육수를 만들어요.

3

배추는 깨끗하게 씻어 한입 크기로 썰고, 대파는 어슷썰기 해요.

4

②에 배추, 양념한 소고기를 넣고 끓 이면서 떠오르는 거품을 걷어요.

5

고기가 익으면 일본된장으로 간을 맞춘 후, 대파를 넣고 한소끔 끓여서 완성해요.

칼슘 가득! 키가 쑥쑥! 호두멸치볶음

READY   잔멸치 2컵, 호두 1컵, 통마늘 5개, 쪽파 1대, 간장 1큰술, 꿀 1큰술, 통깨 약간, 올리브유 약간

1

잔멸치와 호두를 준비해요.

2

달군 팬에 기름 없이 잔멸치를 볶아요.

3

달군 팬에 기름 없이 호두를 볶아요.

4

통마늘은 편 썰기 하고, 쪽파는 송송 썰어요.

5

달군 팬에 올리브유를 두르고 썰어둔 마늘을 볶다가, 잔멸치와 호두, 간장, 꿀을 넣어 볶아요.

6

⑤에 쪽파를 넣고 살짝 볶은 후 통깨를 뿌려서 완성해요.

곰돌이 밥상

식판에 귀여운 곰돌이가 가득한 밥상이에요.
두부를 싫어하는 아이들도 곰돌이 모양으로 스테이크를 만들어주면 아주 잘 먹는답니다.

빨간 옷을 입은 노랗고 통통한 곰돌이 주먹밥

READY 밥 1공기, 단호박가루 1/3큰술, 참기름 1/2큰술, 빨간 파프리카 1/2개
도구 랩, 가위

1

밥 1공기, 단호박가루, 참기름을 섞어요.

2

랩 위에 밥을 넣고 몸통, 팔, 다리를 만들어요.

3

빨간 파프리카로 옷을 만들어요.

4

랩을 벗긴 후 파프리카를 합쳐서 완성해요.

기운 없는 아이를 위한 닭곰탕

READY 생닭 300g(닭볶음탕용), 양파 1½개, 대파 1대, 통마늘 5개, 감자 2개, 월계수잎 1장, 굵은 소금 1/2큰술, 소금 1큰술, 참기름 1/4큰술, 후춧가루 약간

1

냄비에 물 5컵과 월계수잎을 넣고 물이 끓으면 생닭을 넣고 1분간 데쳐요.

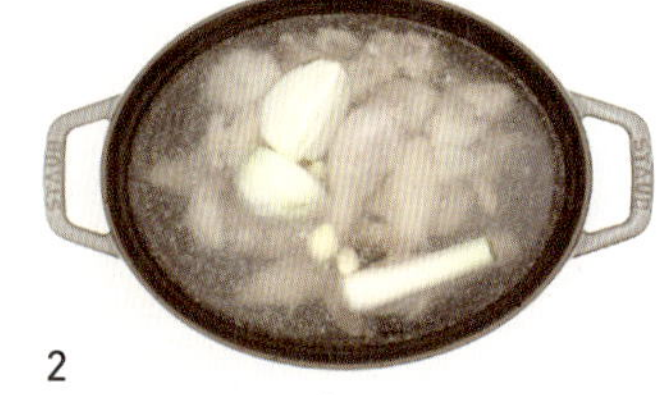

2

냄비에 물 7컵, 데친 닭, 대파 1/2대, 통마늘, 양파 1/2개, 소금 1/2큰술을 넣고 센 불에 30분간 끓여요.

3

②의 건더기를 모두 건진 후, 닭은 살을 발라 참기름, 소금 1/2큰술, 후춧가루를 넣고 버무려요.

4

감자는 깍둑썰기 하고, 양파 1개는 한 입 크기로 썰고 대파 1/2대는 송송 썰어요.

5

②에 ③을 넣고 굵은 소금, 감자, 양파, 대파를 넣고 끓여요.

6

떠오르는 건더기와 기름을 건지면서 감자가 익을 때까지 팔팔 끓여서 완성해요.

안 먹는 채소도 잘 먹는 두부버섯스테이크

READY 두부 1모, 다진 소고기 150g, 표고버섯 3개, 양파 1/3개, 당근 1/3개, 빨간 파프리카 1/4개, 노란 파프리카 1/4개, 노란 치즈 3장, 녹말가루 2큰술, 달걀 1개, 소금 약간, 후춧가루 약간, 식용유 약간, 김 약간
소고기 양념 참기름 1/2큰술, 다진 마늘 1/2큰술, 소금 약간, 후춧가루 약간
도구 가위

1

두부는 으깬 후 면포에 넣어 물기를 꼭 짜고, 다진 소고기는 소고기 양념에 재워요.

2

표고버섯은 갓만 다지고, 양파, 당근, 파프리카는 다진 후 키친타월로 물기를 제거해요.

3

①, ②에 녹말가루, 달걀, 소금, 후춧가루를 넣어 섞은 후 치대요.

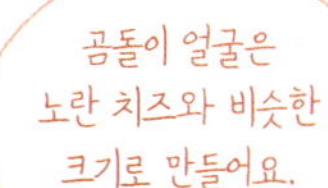

4

③을 곰돌이 얼굴과 귀 모양으로 빚어서, 식용유를 두른 달군 팬에 노릇하게 구워요.

5

노란 치즈로 귀를 만들고, 김으로 눈썹, 눈, 코, 입을 만들어요.

6

스테이크가 익으면 위에 노란 치즈를 얹고, 눈썹, 눈, 코, 입을 붙여서 완성해요.

아기 양 밥상

음매음매~ 밥 위에 얹은 치즈 하나로 귀여운 아기 양이 완성되었어요.
가위질 한두 번만으로도 캐릭터 밥상이 금방 만들어져요.

귀여운 양이 밥 위에 툭 아기 양밥

READY 밥 1공기, 블랙 치즈 1장, 흰 치즈 1/4장, 김 약간
도구 약병 뚜껑, 가위

1

블랙 치즈로 아기 양을 만들고, 흰
치즈로 눈, 김으로 눈동자와 콧구멍
을 만들어요.

2

밥 위에 ①을 붙여서 완성해요.

성장기 아이에게 좋은 새우달걀국

READY 새우 8~10마리, 조갯살 100g, 달걀 2개, 쪽파 2대, 양파 1/2개, 국간장 1/2큰술, 다진 마늘 1/2큰술, 참기름 약간, 소금 약간
육수 멸치 10개, 다시마 1조각, 통마늘 5개, 무 1/10개, 양파 1/2개, 대파 1/3대

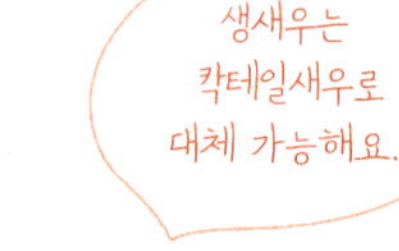

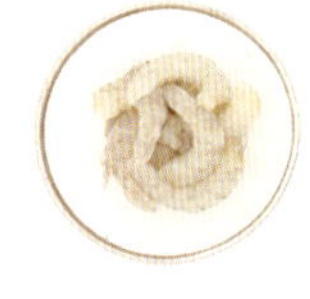

1

냄비에 물 7컵과 육수 재료를 넣고 끓이다가 육수가 끓어오르면 다시마를 건지고 10분간 더 끓여 육수를 만들어요.

2

새우는 내장을 제거하고, 조갯살은 소금물에 씻어 물기를 빼요.

3

양파는 채 썰고, 쪽파는 송송 썰어요. 달걀은 소금을 넣고 풀어요.

4

냄비에 참기름을 두르고 다진 마늘, 조갯살을 넣고 볶아요.

5

④에 육수 5컵, 새우, 양파를 넣고 끓여요.

6

⑤에 국간장과 쪽파를 넣고, 부족한 간은 소금으로 맞춘 후 달걀을 넣고 휘저어 한소끔 끓여서 완성해요.

알록달록한 채소가 송송 닭채소튀김

READY 닭가슴살 350g, 전분가루 3큰술, 밀가루 3큰술, 달걀 2개, 노란 치즈 1장, 감자 1/2개, 빨간 파프리카 1/4개,
노란 파프리카 1/4개, 소금 약간, 식용유 약간
닭가슴살 밑간 양념 맛술 1큰술, 소금 약간, 후춧가루 약간

1

닭가슴살은 힘줄과 얇은 막을 떼어
내고, 한입 크기로 썰어 밑간 양념을
하고 15분간 두어요.

2

감자와 파프리카는 다지고, 노란 치
즈는 잘게 채 썰어요.

3

달걀을 풀어 전분가루, 밀가루를 넣
고 물로 농도를 걸쭉하게 맞춘 후 ②
를 넣어서 튀김 반죽을 만들어요.

4

밑간을 해둔 닭가슴살에 튀김 반죽
을 묻혀요.

5

달군 팬에 식용유를 두르고 반죽을
입힌 닭가슴살을 중간 불에서 부쳐
요.

6

앞뒤로 노릇하게 부쳐서 완성해요.

애벌레 밥상

메추리알은 양질의 단백질과 필수아미노산이 풍부한 영양 반찬이에요.
메추리알과 샤부샤부용 소고기를 이용해서 밥도둑 반찬을 만들어봐요.

텔레비전에서 방금 나온 듯한 애벌레 밥

READY   밥 1공기, 노란 치즈 1장, 흰 치즈 1/4장, 김 약간
도구 빨대, 가위

1

노란 치즈로 애벌레 모양을 만들고,
흰 치즈로 눈, 김으로 눈동자, 콧구
멍, 코 주름, 입, 입 주름을 만들어요.

2

밥 위에 ①을 붙여서 완성해요.

온 가족 건강을 책임지는 미역된장국

READY 마른미역 5g, 두부 1/4모, 팽이버섯 1봉, 일본된장 2큰술, 쪽파 2대, 쌀뜨물 2컵
육수 멸치 10개, 다시마 2조각, 건새우 15개, 무 1/10개, 양파 1/4개

1

냄비에 물 5컵과 육수 재료를 넣고
끓이다가 육수가 끓어오르면 다시
마를 건지고 10분간 더 끓여 육수를
만들어요.

2

미역은 물에 30분간 불려요.

3

불린 미역은 한입 크기로 썰고, 두부
는 깍둑썰기, 팽이버섯은 3등분하여
썰고, 쪽파는 송송 썰어요.

4

냄비에 육수와 쌀뜨물을 붓고, 일본
된장을 풀어서 끓여요.

5

④에 미역, 두부, 팽이버섯을 넣고
팔팔 끓여요.

6

끓어오르면 거품을 걷어내고 쪽파를
넣은 후 한소끔 끓여서 완성해요.

아이와 함께 만드는 소고기메추리알말이

READY 메추리알 30개, 소고기 100g(샤부샤부용), 빨간 파프리카 2/3개, 노란 파프리카 2/3개, 올리브유 약간
소고기 양념 간장 3큰술, 설탕 1큰술, 미림 1큰술, 참기름 1큰술, 다진 대파 2큰술, 다진 마늘 1큰술,
깨소금 약간, 후춧가루 약간

1

메추리알은 삶은 후 껍질을 까서 준비해요.

2

파프리카는 한입 크기로 썰고, 소고기 양념을 만들어요.

3

소고기는 키친타월로 핏물을 제거한 후 소고기 양념에 20분간 재워요.

4

소고기로 메추리알을 감싸 말고, 파프리카와 교대로 이쑤시개에 꽂아요.

5

달군 팬에 올리브유를 두르고 ④를 올린 후 남은 양념에 물 1큰술, 간장 1큰술을 더 넣어 중약불에서 조려요.

6

중간중간 양념을 끼얹어가며 물기가 없어질 때까지 조려서 완성해요.

인어공주 밥상

생선구이를 할 때 인어공주 주먹밥을 만들고 니모어묵으로 반찬을 만들어보세요.
아이와 인어공주 이야기, 바다 속 물고기 이야기, 바다에 놀러간 추억을 나누며 재미있게 밥을 먹을 수 있어요.

동화 속 주인공이 뿅! 인어공주 주먹밥, 굴비구이

READY 밥 1공기, 굴비 1마리, 비트가루 1/3큰술, 노란 치즈 1장, 케첩 1/3큰술, 참기름 2/3큰술, 김 약간, 식용유 약간
도구 별 고명 틀, 쿠키 틀(생수 뚜껑 대체 가능), 랩, 가위

1

밥 1/2공기는 비트가루, 참기름 1/3
큰술을 넣어서 섞고, 남은 1/2공기
는 케첩, 참기름 1/3큰술을 넣고 섞
어요.

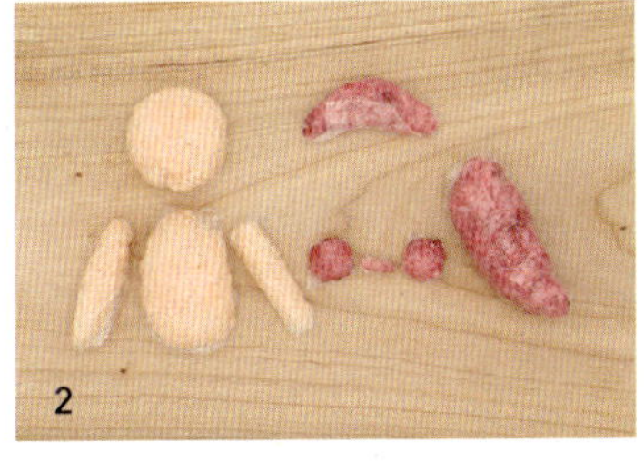

2

랩을 이용해서 케첩을 섞은 밥으로
얼굴, 몸, 팔을 만들고, 비트가루를
섞은 밥으로 머리카락과 비키니를
만들어요.

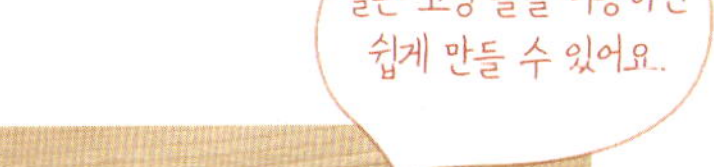

3

김으로 눈, 속눈썹, 입을 만들고, 노
란 치즈로 지느러미와 별, 꼬리를 만
들어요.

4

달군 팬에 식용유를 두르고 굴비를
앞뒤로 노릇하게 구워요.

5

②와 ③을 합치고, 굴비는 머리를 자
른 후 몸통 밑에 얹어서 완성해요.

부드럽고 시원한 달걀감잣국

READY

READY 감자 2개, 달걀 1개, 양파 1/3개, 쪽파 1대, 국간장 1큰술, 소금 1½큰술
육수 멸치 10개, 다시마 1조각, 통마늘 5개, 무 1/10개, 양파 1/2개, 대파 1/3대

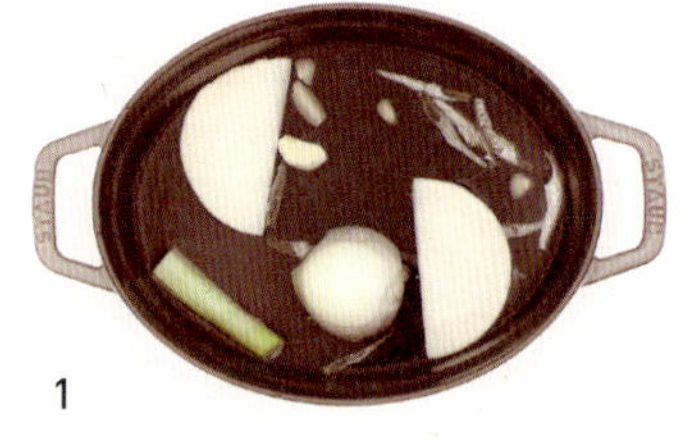

1

냄비에 물 7컵과 육수 재료를 넣고 끓이다가 육수가 끓어오르면 다시마를 건지고 10분간 더 끓여 육수를 만들어요.

2

감자는 깍둑썰기 하고, 양파는 한입 크기로 썰고 쪽파는 송송 썰어요.

3

달걀은 소금 1/2꼬집을 넣고 풀어요.

4

냄비에 육수 5컵, 감자, 소금 1큰술을 넣고 센 불에 끓여요.

5

끓어오르면 양파와 쪽파, 국간장을 넣고 감자가 익을 때까지 끓여요.

6

감자가 익으면 냄비의 가장자리로 달걀을 넣고 휘저어 한소끔 끓여서 완성해요.

인어공주와 찰떡궁합! 니모어묵볶음

READY   니모어묵 10개, 양송이버섯 3개, 브로콜리 1/4송이, 양파 1/3개, 다진 마늘 1큰술, 식용유 약간
양념장 간장 2큰술, 올리고당 1큰술, 다진 마늘 1큰술, 다진 쪽파 약간, 참기름 약간, 통깨 약간

1

니모어묵은 끓는 물에 살짝 데치고,
브로콜리는 소금을 넣은 끓는 물에
살짝 데쳐서 준비해요.

2

양송이버섯은 편 썰기 하고, 양파는
한입 크기로 썰어요.

3

달군 팬에 식용유를 두르고 다진
마늘, 양파, 양송이버섯을 넣고 볶
아요.

4

③에 양념장과 니모어묵, 브로콜리
를 넣고 볶은 후 통깨를 뿌려서 완성
해요.

YUMMY 스마일 밥상

치즈 위에 김으로 눈, 입만 붙였을 뿐인데 함께 웃고 있는 우리 아이.
스마일로 기분 좋은 식사시간을 만들어봐요.

보기만 해도 웃음이 나는 스마일 밥

READY   밥 1공기, 노란 치즈 1장, 김 약간
도구 쿠키 틀, 가위

1

노란 치즈는 동그랗게 자르고, 김으로 눈, 입을 만들어요.

2

밥 위에 ①을 붙여서 완성해요.

시원한 맛이 일품인 바지락미역국

READY 바지락 15~20개, 마른미역 10g, 새우젓 1/4큰술, 다진 마늘 1/2큰술, 국간장 2큰술, 참기름 2큰술, 굵은 소금 1/3큰술

1

바지락은 굵은 소금을 넣은 물에 1시간 정도 해감한 후 깨끗이 씻고, 미역은 30분간 불려요.

2

냄비에 물 6컵, 바지락을 넣고 바지락이 입을 벌릴 때까지 중간 불로 끓여서 육수를 만들어요.

3

불린 미역은 한입 크기로 잘라요.

4

냄비에 참기름을 두르고 미역, 국간장, 다진 마늘을 넣고 2~3분간 볶아요.

5

④에 바지락육수를 넣고 건져놓은 바지락과 새우젓을 넣은 후 팔팔 끓여서 완성해요.

소화 흡수에 좋은 달걀호박볶음

READY 애호박 1/2개, 베이컨 6줄, 식용유 약간
달걀물 달걀 3개, 우유 4큰술, 설탕 1/3큰술, 소금 약간

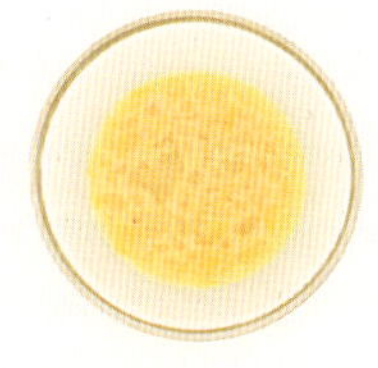

1

달걀물을 만들어요.

2

애호박은 반달썰기 하고, 베이컨은
1cm 크기로 썰어요.

3

달군 팬에 기름 없이 베이컨을 살짝
구워요.

4

달군 팬에 식용유를 두르고 애호박
을 살짝 볶은 후 구운 베이컨과 달걀
물을 넣고 젓가락으로 휘저어 완성
해요.

꿀꿀이 밥상

삼겹살은 주로 구워 먹지만 삶아서 된장, 채소와 무쳐서 먹으면 샐러드처럼 깔끔한 맛을 느낄 수 있어요.
거기에 꼬마돼지 삼형제까지 함께 있으니 즐거운 식사시간이 되겠죠?

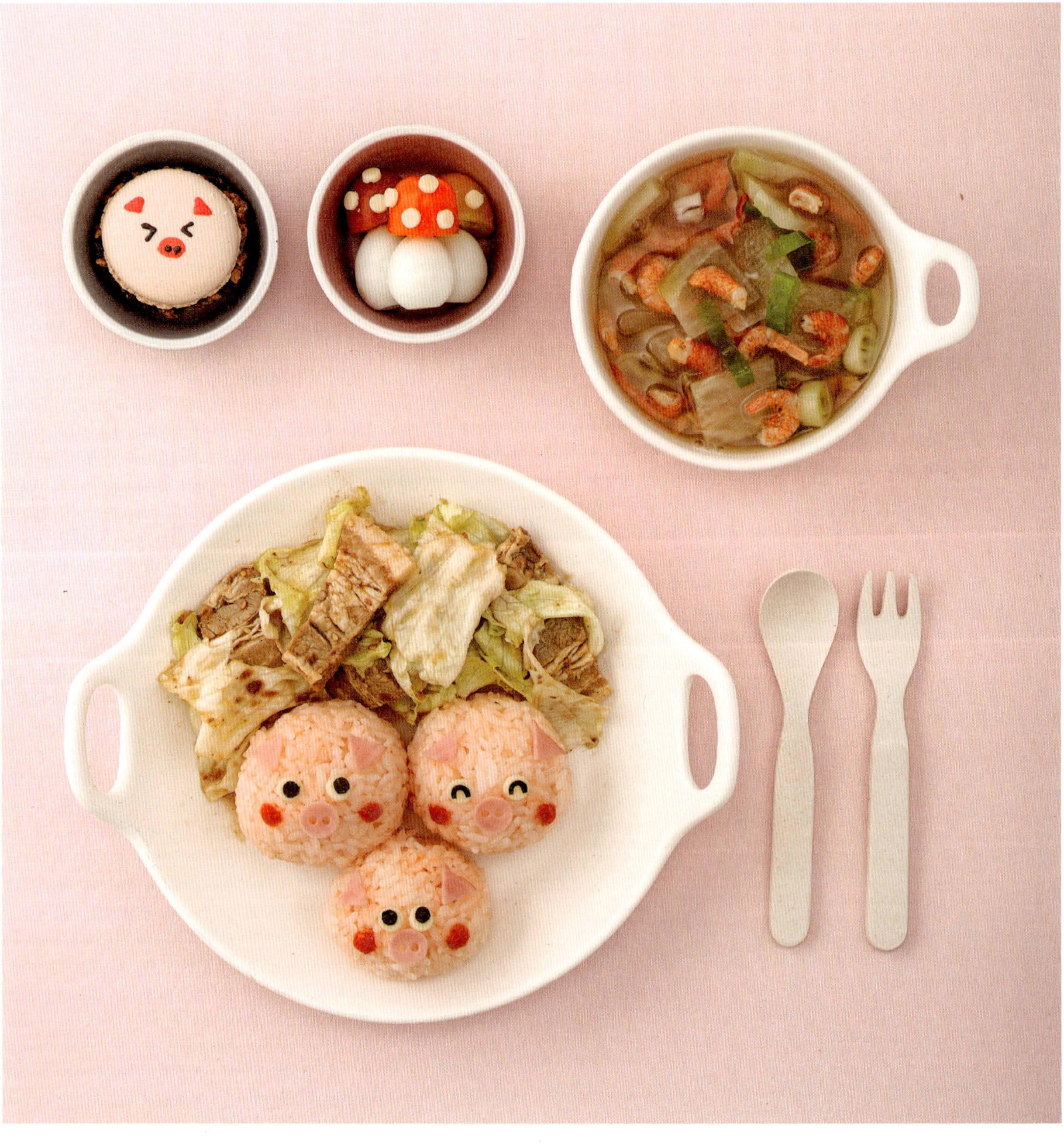

꿀꿀이 형제들이 나란히 꼬마돼지 주먹밥

R E A D Y 밥 1공기, 명란젓 1/3개, 참기름 1/2큰술, 슬라이스햄 1장, 흰 치즈 1/2장, 김 약간, 케첩 약간
도구 랩, 약병, 약병 뚜껑, 핀셋, 빨대, 가위, 이쑤시개

1 밥 1공기, 껍질을 벗긴 명란젓, 참기름을 섞어요.

2 명란젓을 섞은 밥을 3등분하여 랩으로 싸서 동그랗게 만들어요.

3 슬라이스햄으로 귀, 코를 만들어요.

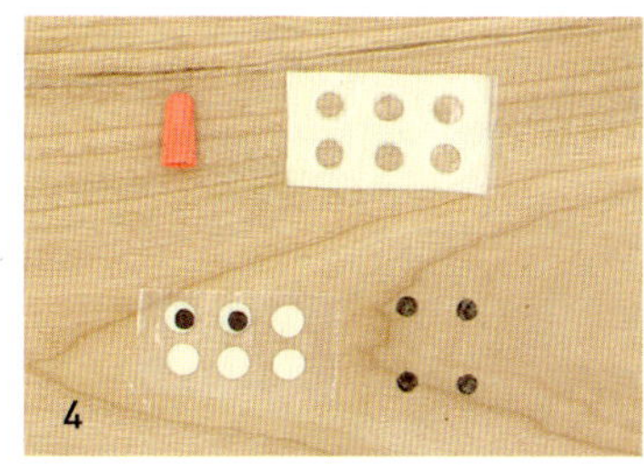

4 흰 치즈로 눈을 만들고, 김으로 눈동자를 만들어요.

5 랩을 벗긴 밥에 ④를 붙인 후, 이쑤시개에 케첩을 묻혀서 볼터치를 찍어요.

6 볼터치를 모두 찍어서 완성해요.

매일 먹어도 맛있는 건새우뭇국

READY   건새우 1컵, 무 1/4개, 대파 1/3대, 다진 마늘 1큰술, 참기름 1큰술, 국간장 2큰술, 굵은 소금 3꼬집
         육수 멸치 10개, 다시마 1조각, 통마늘 5개, 무 1/10개, 양파 1/2개, 대파 1/3대

1

냄비에 물 7컵과 육수 재료를 넣고 끓이다가 육수가 끓어오르면 다시마를 건지고 10분간 더 끓여 육수를 만들어요.

2

달군 팬에 기름 없이 건새우를 볶아요.

3

무는 나박 썰기 하고, 대파는 송송 썰어요.

4

냄비에 참기름을 두르고 무를 넣고 볶다가 다진 마늘, 굵은 소금을 넣고 무가 익을 때까지 볶아요.

5

④에 육수 5컵을 넣고 끓어오르면 건새우, 국간장을 넣고 끓여요.

6

대파를 넣고 한소끔 끓여서 완성해요.

샐러드처럼 깔끔한 삼겹살된장무침

READY 삼겹살 100g, 양상추 1/4통, 생강 1톨, 통마늘 5개, 대파 1/2대, 청주 1/2컵
소스 된장 2큰술, 꿀 2큰술, 레몬즙 2큰술, 참기름 1큰술, 배즙 2큰술, 양파즙 1큰술, 오렌지주스 2큰술,
깨소금 1큰술, 후춧가루 약간

1

냄비에 물 4컵과 생강, 통마늘, 대
파, 청주를 넣고 끓으면 삼겹살을
넣고 삶아요.

2

삶은 삼겹살은 얼음물에 담갔다가
바로 꺼내 물기를 제거하고 한입 크
기로 썰어요.

3

소스를 만들어요.

4

양상추는 깨끗이 씻어 물기를 빼요.

5

썰어둔 삼겹살, 양상추에 소스를 붓
고 버무려서 완성해요.

핑크 밥상

오늘은 비트가루로 좀 더 특별한 밥을 만들어보면 어떨까요?

비트가루에 들어 있는 베타인이라는 색소가 붉은색을 띠는데, 항산화 작용을 하는 데 큰 역할을 한다고 해요.

건강에도 좋지만 색깔도 너무 예뻐서 아이들이 좋아한답니다.

특별하게 건강까지 챙겨주는 핑크 밥

READY 밥 1공기, 비트가루 1/3큰술, 참기름 1큰술, 흰 치즈 1/2장, 맛살 1/5개, 김 약간
도구 생수 뚜껑, 가위

1

밥 1공기, 비트가루, 참기름을 섞어요.

2

흰 치즈로 눈, 김으로 눈썹, 눈동자,
코, 입을 만들고, 맛살의 껍질로 혀
를 만들어요.

3

비트가루를 섞은 밥 위에 ②를 붙여
서 완성해요.

누구나 쉽게 만드는 달걀찜

READY 달걀 5개, 당근 1/6개, 쪽파 1대, 양파 1/2개, 우유 1컵, 새우젓 1큰술, 액젓 약간
육수 멸치 10개, 다시마 1조각, 통마늘 5개, 무 1/10개, 양파 1/2개, 대파 1/3대

1

냄비에 물 7컵과 육수 재료를 넣고 끓이다가 육수가 끓어오르면 다시마를 건지고 10분간 더 끓여 육수를 만들어요.

2

양파와 당근은 다지고, 쪽파는 송송 썰어요.

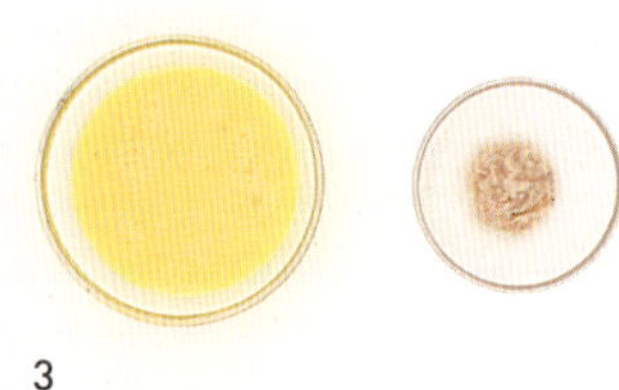

3

달걀은 풀고 새우젓을 준비해요.

4

냄비에 ②를 넣고, 육수 1컵, 풀어둔 달걀, 새우젓, 우유를 넣어요. 부족한 간은 액젓으로 맞춘 후 뚜껑을 덮고 약한 불에 익혀서 완성해요.

아이의 성장을 돕는 피꼬막무침

READY 피꼬막 15개, 굵은 소금 2큰술
양념장 빨간 파프리카 1/4개, 노란 파프리카 1/4개, 간장 3큰술, 설탕 2큰술, 쪽파 1대, 다진 마늘 1/2큰술, 참기름 1/2큰술, 통깨 1/2큰술

1

피꼬막은 굵은 소금을 넣은 물에 1시간 정도 해감한 후 문질러 씻어요.

2

냄비에 피꼬막이 잠길 정도로 물을 붓고 피꼬막의 입이 벌어질 때까지 삶아요.

3

익은 피꼬막은 살만 떼서 흐르는 물에 2~3번 헹구고 물기를 빼요.

4

양념장에 들어갈 파프리카와 쪽파를 다져요.

5

④에 남은 양념장 재료를 넣어 양념장을 만들어요.

6

피꼬막에 양념장을 버무려서 완성해요.

빠르고 간단하게 만드는
캐릭터 한 그릇 밥상

O P Q R S T U
A B C D E F G

니모 어묵국수

삶은 소면에 육수만 부으면 간단하지만 맛있는 국수가 완성돼요.
아이들이 좋아하는 니모 모양의 어묵을 넣어주면 즐거운 식사시간이 된답니다.

READY　소면 1줌, 니모 어묵 10개, 국간장 1큰술, 굵은 소금 2꼬집, 통깨 약간
육수　멸치 10개, 다시마 1조각, 통마늘 5개, 무 1/5개, 양파 1/2개, 대파 1/3대
고명　애호박 1/3개, 양파 1/4개, 다진 마늘 1/3큰술, 굵은 소금 1꼬집, 올리브유 약간

1

냄비에 물 7컵과 육수 재료를 넣고 끓이다가 육수가 끓어오르면 다시 마를 건지고 10분간 더 끓여 육수를 만들어요.

2

냉동된 니모 어묵은 해동해서 육수 5컵과 국간장, 굵은 소금 1꼬집을 넣고 끓여요.

3

끓는 물에 굵은 소금 1꼬집을 넣은 후 소면을 펼쳐 넣고 저어가며 익혀요. 면이 투명해지면 찬물에 비벼 헹구고 물기를 빼요.

4

고명으로 얹을 애호박과 양파를 채 썰어요.

5

달군 팬에 올리브유를 두르고 다진 마늘을 넣고 볶다가 애호박, 양파, 굵은 소금을 넣고 볶아요.

6

그릇에 삶은 국수를 예쁘게 말아 넣고 ②를 부어요. 국수 위에 고명을 얹고 통깨를 뿌려서 완성해요.

캐릭터 월남쌈

채소를 싫어하는 아이들도 잘 먹는 월남쌈이에요. 다양한 채소와 고기, 귀여운 캐릭터 메추리알까지
곁들이면 편식하는 아이들도 신나게 먹어요. 손수 만든 땅콩소스에 찍어 먹으면 더욱 맛있답니다.

READY 라이스페이퍼 10장, 빨간 파프리카 1/3개, 노란 파프리카 1/3개, 무순 1/4줌(무순, 적무순), 오이 1개, 적채 1/5통, 파인애플 3조각, 훈제오리 300g, 메추리알 10개, 맛살 1개, 튀긴 스파게티면 2줄, 통조림 옥수수 2알, 블루베리 2알, 흰 치즈 1/4장, 김 약간

도구 가위, 김 펀치

* **소스도 만들어봐요** 땅콩버터 2큰술, 머스터드 1큰술, 마요네즈 1/2큰술, 우유 4큰술, 레몬즙 2큰술, 다진 마늘 1/3큰술, 까나리액젓 1/2큰술

1

3

오이는 돌려 깎아 채 썰고, 파프리카, 적채도 같은 크기로 채 썰고 무순은 씻어서 준비해요.

파인애플은 깍둑썰기 하고, 메추리알은 삶아서 껍질을 벗겨요.

옥수수, 적채, 블루베리로 귀를 만들어서 튀긴 스파게티면으로 메추리알에 꽂아요. 김으로 다양한 캐릭터의 눈, 코, 입, 귀를 만들고, 흰 치즈로 콧방울을 만들어요.

4

5

6

달군 팬에 기름 없이 훈제오리를 구워요.

라이스페이퍼를 따뜻한 물에 담갔다 뺀 후, 원하는 채소와 훈제오리를 넣고 캐릭터 메추리알을 올려요. 맛살의 껍질을 길게 2줄 준비해요.

월남쌈을 싼 후 사탕 모양이 되도록 맛살의 껍질로 양쪽을 묶어서 완성해요.

축구공 불고기밥버거

밥과 불고기, 상추만 있으면 쉽게 밥버거를 만들 수 있어요. 밥 위에 김을 오각형으로 잘라서 붙이면
귀여운 축구공으로 변신하니 소풍 갈 때 도시락으로도 아주 좋아요.

1

당근, 표고버섯, 양파는 채 썰고, 대파는 송송 썰어요.

2

소고기는 키친타월을 이용해서 핏물을 빼고, 불고기 양념을 만들어 당근, 표고버섯, 양파와 함께 넣어서 30분간 재워요.

3

달군 팬에 올리브유를 두르고 ②를 넣어 볶다가 고기가 익으면 대파와 통깨를 넣어요.

4

밥버거를 만들 밥 1공기, 불고기, 상추를 준비해요.

5

계량컵에 랩을 간 후 밥 1/2공기를 넣고 그 위에 상추, 불고기를 차례대로 올려요.

6

⑤에 밥 1/2공기를 얹어서 밥버거를 만들고, 랩을 벗긴 후 김을 오각형으로 잘라 붙여서 완성해요.

강아지 김치주먹밥

김치의 발효 유산균이 면역력 강화와 아토피 완화에 큰 도움이 된다는 연구결과가 있죠.
김치를 싫어하는 아이들에게 김치를 씻어서 볶은 후 주먹밥을 만들어주세요.
김치를 언제 싫어했나 싶을 정도로 아주 잘 먹을 거예요.

READY　밥 1공기, 김치 배춧잎 3장, 사각어묵 3장, 다진 마늘 1½큰술, 맛술 2큰술, 설탕 1½큰술, 간장 2큰술,
참기름 1큰술, 올리브유 약간, 김 약간, 소금 약간
도구 랩, 가위, 계량컵

1

김치를 씻은 후 잎사귀는 잘라내고
밑동과 줄기 부분을 다지고, 어묵도
다져요.

2

달군 팬에 올리브유를 두르고 김치
와 다진 마늘 1/2큰술, 맛술 1큰술,
설탕 1/2큰술을 넣고 볶아요.

3

달군 팬에 올리브유를 두르고 어묵
과 다진 마늘 1큰술, 간장, 맛술 1큰
술, 설탕 1큰술을 넣고 볶아요.

4

밥 1공기에 소금, 참기름을 넣고 간
을 맞춰요.

5

계량컵에 랩을 깐 후 밥 1/2공기를
넣고 볶음 어묵과 김치를 넣고 랩으
로 감싸요. 2개를 만들어요.

6

랩을 벗긴 후 김으로 눈, 코, 코 주
름, 입, 귀를 잘라서 붙이고, 김을 직
사각형으로 2개 잘라서 주먹밥 아래
에 붙여 완성해요.

호빵맨 토마토카레라이스

토마토의 빨간색은 리코펜이라는 색소로 강력한 항산화 작용을 하고, 비타민C도 많아서 몸을 튼튼하게 만들어줘요.
아이가 평소에 토마토를 잘 먹지 않는다면 좋아하는 캐릭터로 토마토 카레라이스를 만들어보는 건 어떨까요?

READY 밥 1공기, 카레가루 100g, 닭안심 130g, 방울토마토 13개, 감자 1개, 양파 1개, 당근 1/2개,
브로콜리 1/2개, 올리브유 약간, 다진 마늘 약간, 김 약간
도구 쿠키 틀, 가위

1

방울토마토 12개를 끓는 물에 살짝
데쳐 껍질을 벗기고, 브로콜리도 살
짝 데쳐요.

2

방울토마토는 2등분하고, 브로콜리,
닭안심, 양파는 한입 크기로 썰고,
감자, 당근은 깍둑썰기 해요.

3

달군 팬에 올리브유를 두르고 다진
마늘, 닭안심, 감자, 양파, 당근을 넣
고 볶아요.

4

③이 충분히 잠길 만큼 물을 붓고,
카레가루를 물에 개어 넣은 후 재료
가 모두 익을 때까지 끓으면 방울토
마토와 브로콜리를 넣어요.

5

김으로 눈썹, 눈, 입을 만들고, 방울
토마토를 반으로 잘라 코를 만들고,
당근은 살짝 데쳐 쿠키 틀을 이용해
볼터치를 만들어요.

6

밥 1공기로 동그란 얼굴을 만들고,
그 위에 ⑤를 붙여요. 캐릭터 밥에
④를 부어서 완성해요.

스폰지밥 새우오므라이스

오므라이스만큼 아이들에게 채소를 잘 먹일 수 있는 절호의 찬스가 없죠.
오므라이스 소스와 달걀이 어우러지면 평소에 안 먹는 채소도 맛있게 먹게 돼요.
달걀에 캐릭터 얼굴까지 만들어주면 맛있는 건 물론이고 재미있는 식사시간이 될 거예요.

READY 밥 1공기, 칵테일새우 10~12개, 빨간 파프리카 1/4개, 노란 파프리카 1/4개, 양파 1/2개, 대파 1/3대, 달걀 2개,
흰 치즈 1장, 노란 치즈 1장, 상추 1장, 김 약간, 당근 약간, 올리브유 약간, 들기름 약간, 소금 약간
소스 다진 당근 1/2컵, 다진 양파 1/2컵, 다진 마늘 1큰술, 버터 2큰술, 간장 4큰술, 굴소스 1큰술, 케첩 8큰술,
밀가루 4큰술, 설탕 2큰술, 물 1컵
도구 생수 뚜껑, 약병, 약병 뚜껑, 가위

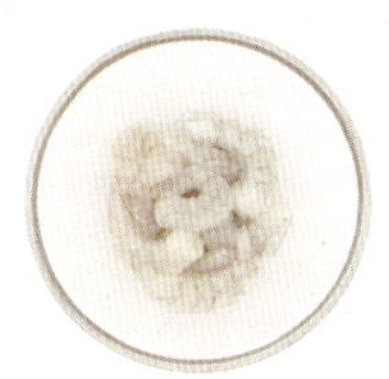

1

칵테일새우는 물에 씻어서 손질해
요.

2

파프리카, 양파는 깍둑썰기 하고 파
는 송송 썰어요.

3

달군 팬에 올리브유를 두르고 ①, ②를
소금을 넣어 볶다가 밥 1공기와 들기
름, 소금을 넣어 볶음밥을 만들어요.

4

달군 팬에 올리브유를 두르고 달걀
을 얇게 부치고, 윗면이 익어갈 때
볶음밥을 넣어 네모 모양으로 달걀
을 접어요.

5

김으로 눈동자, 속눈썹, 입을 만들
고, 상추로 눈, 당근으로 혀를 만들
어요.

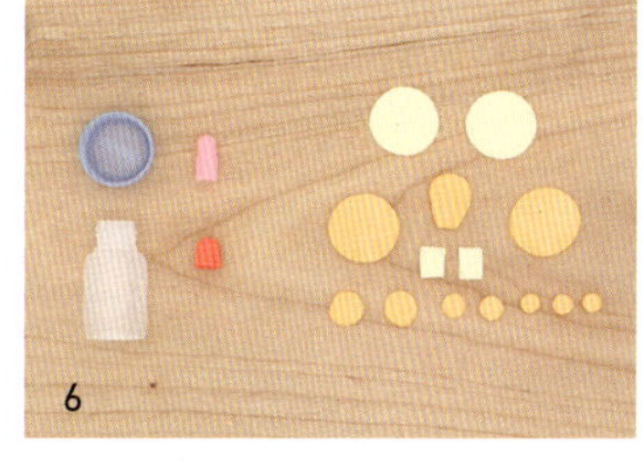

6

흰 치즈로 눈 테두리, 이빨을 만들
고, 노란 치즈로 볼터치, 코, 여드름
을 만들어요.

7

④를 뒤집고 만들어놓은 데코를 모
두 붙여서 캐릭터 오므라이스를 완
성해요.

8

달군 팬에 버터를 녹인 후 소스 재료
를 모두 넣어 소스를 만들어요.

9

⑧에 밀가루 섞은 물, 설탕, 간장, 케
첩, 굴소스를 넣고 소스가 뭉근해지
면 ⑦에 부어서 완성해요

강아지 참치양파덮밥

반찬이 없을 때 참치 통조림과 냉장고에 있는 각종 채소를 이용해서 간단한 덮밥을 만들 수 있어요.
일반적인 덮밥 소스에 다시마 육수만 더해도 깊은 맛을 느낄 수 있답니다.

READY　밥 1공기, 참치 통조림 1캔, 양파 1/2개, 당근 1/4개, 대파 1/2대, 다진 마늘 1/2큰술, 달걀 1개, 굴소스 2큰술,
간장 2큰술, 설탕 1/2큰술, 맛살 1/4개, 김 약간, 식용유 약간
다시마 육수 물 2컵, 멸치 5개, 무 1/5개, 다시마 1개, 통마늘 3개
도구 쿠키 틀, 가위

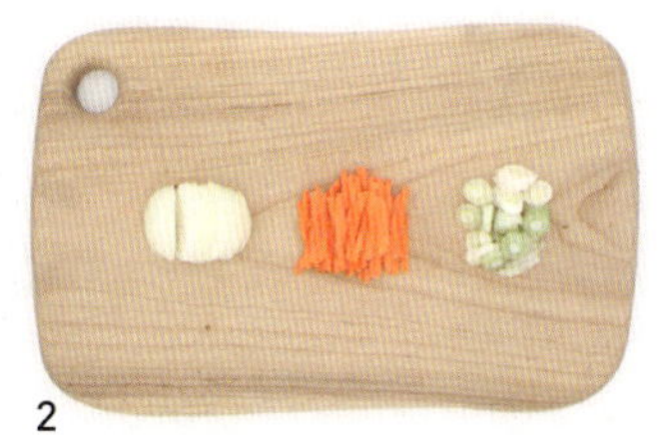

1

참치는 기름기를 빼고, 달걀은 풀어서 준비해요.

2

양파와 당근은 채 썰고, 대파는 송송 썰어요.

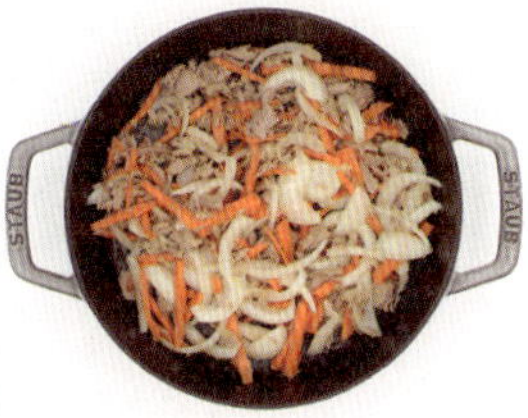

3

달군 팬에 식용유를 두르고 다진 마늘과 양파, 당근을 볶다가 참치를 넣고 볶아요.

4

③에 다시마 육수 1컵을 붓고 굴소스, 간장, 설탕, 대파를 넣고 끓이다가 달걀을 넣고 저어서 덮밥 소스를 완성해요.

5

랩을 이용해서 밥은 강아지 얼굴과 눈썹을 만들고, 맛살의 껍질로 볼터치, 김으로 눈, 코, 입을 만들어요.

6

랩을 벗긴 후 밥 위쪽에 덮밥 소스를 부어서 색을 입혀요. ⑤를 붙인 후 덮밥 소스를 부어서 완성해요.

공룡 아욱쌈밥

아이에게 채소를 먹이는 게 쉽지 않죠. 채소 중에서도 아욱은 비타민과 칼슘이 많이 들어 있어요.
아이의 입맛을 돋울 쌈장과 아욱으로 공룡 쌈밥을 만들어봐요.
아이가 좋아하는 공룡 이야기를 나누면 재미있는 식사시간을 만들 수 있어요.

READY　밥 1공기, 아욱 1/3묶음, 흰 치즈 1/2장, 맛살 1/5개, 김 약간, 식용유 약간, 소금 약간
양념 쌈장 참치 통조림 1캔, 양파 1/4개, 빨간 파프리카 1/4개, 노란 파프리카 1/4개, 다진 마늘 1큰술, 된장 1큰술,
고추장 1큰술, 맛술 1큰술, 꿀 1큰술
도구 생수 뚜껑, 약병 뚜껑

1

파프리카, 양파는 다져요.

2

참치는 기름을 빼서 준비해요.

3

달군 팬에 식용유를 두르고 다진 마늘, 파프리키, 양파를 넣고 볶아요.

4

③에 참치, 된장, 고추장, 맛술, 꿀을 넣어 양념 쌈장을 만들어요.

5

아욱은 깨끗이 씻고 줄기를 잘라서 소금을 넣은 끓는 물에 살짝 데친 후 찬물에 헹궈요.

6

밥 1공기, 데친 아욱, 양념 쌈장을 준비해요.

7

아욱에 밥 1큰술, 양념 쌈장을 약간 넣고 아기 공룡의 머리, 몸통, 꼬리, 팔, 다리를 만들어요. 흰 치즈로 눈, 코, 배를 만들고, 김으로 눈동자, 맛살의 껍질로 입을 만들어요.

8

엄마 공룡도 ⑦과 동일하게 얼굴, 목, 몸통, 꼬리, 다리를 만들고, 흰 치즈로 눈과 코, 김으로 눈동자, 맛살의 껍질로 입을 만들어요.

9

아욱쌈밥 위에 만들어놓은 데코를 붙여서 완성해요.

하마 배추두부덮밥

두부는 단백질이 많고 소화가 잘돼서 아이들 반찬으로 좋아요. 식이섬유와 비타민이 풍부한 아삭아삭한 배추까지
곁들이면 영양만점 덮밥이 완성된답니다. 김치를 잘 먹지 않는 아이라면 덮밥이나 국에 배추를 넣어주면 좋아요.

1
브로콜리는 한입 크기로 썰고, 당근은 깍둑썰기 한 후 소금을 넣은 끓는 물에 살짝 데쳐요.

2
두부와 알배춧잎, 양파는 한입 크기로 썰어요.

3
달군 팬에 식용유를 두르고 ①, ②와 소금을 넣고 살짝 볶다가 양념장, 물 1/2컵을 넣어서 한소끔 끓여요.

4
녹말가루를 물에 풀어서 ③에 넣고 농도를 맞추며 덮밥 소스를 완성해요.

5
밥 1공기를 랩으로 싸서 하마 얼굴을 만들고, 김으로 눈썹, 눈동자, 입을 만들고, 흰 치즈로 눈을 만들어요.

6
밥의 랩을 벗긴 후 ⑤를 붙이고 소스를 부어서 완성해요.

물개 콩나물잡채덮밥

아삭한 식감이 일품인 콩나물 잡채를 만들어봐요. 콩나물은 비타민 천국이라고 불릴 만큼 비타민B와 비타민C가 많고, 칼슘도 풍부해서 성장기 아이들에게 좋아요. 간단한 캐릭터에 콩나물 잡채만 있어도 완벽한 식사가 돼요.

READY　밥 1공기, 콩나물 150g, 빨간 파프리카 1/4개, 노란 파프리카 1/4개, 표고버섯 2개, 양파 1/4개, 흰 치즈 1/4장,
참기름 1/3큰술, 올리브유 약간, 김 약간, 통깨 약간
양념장 맛간장 3큰술, 참기름 1큰술, 깨소금 1/3큰술
도구 랩, 약병, 김 펀치

1

표고버섯, 파프리카, 양파는 채 썰어
요.

2

소금을 넣은 끓는 물에 콩나물을 데
친 후 얼음물에 헹궈요.

3

양념장을 만들어 표고버섯에 1/2을
넣고 30분간 재워요.

4

달군 팬에 올리브유를 두르고 표고
버섯을 볶다가 파프리카를 넣고 볶
아요.

5

④에 삶은 콩나물과 양파, 양념장
1/2을 넣어서 한 번 더 볶고 통깨를
뿌려요.

6

밥 1공기에 참기름을 넣어서 양념하
고, 랩을 이용해서 밥을 3등분한 후
물개의 몸통과 팔을 만들어요.

7

김으로 눈, 코, 입을 만들고, 흰 치즈
로 물개의 콧방울을 만들어요.

8

밥의 랩을 벗기고 몸통과 팔을 연결
한 후, ⑦을 붙여서 물개를 만들어요.

9

그릇에 콩나물잡채를 깔고 그 위에
물개를 올려서 완성해요.

PART 3
특별한 날이면 더욱 맛있게
캐릭터 피크닉 도시락

판다 도시락

예쁘지만 만드는 방법은 아주 쉬운 판다 주먹밥이에요.
밥과 김, 최고 건강식품인 블랙푸드의 대표 주자 검은콩만 있으면 귀엽고 맛있는,
더불어 건강까지 챙겨주는 도시락이 된답니다.

READY 밥 1공기, 흰 치즈 1/2장, 김 1장, 참기름 1/3큰술, 검은콩 6개(콩자반), 맛살 1/2개
배합초 식초 2큰술, 설탕 1큰술, 소금 1꼬집
도구 가위, 빨대, 약병 뚜껑, 랩

1

밥 1공기에 배합초 1/3큰술과 참기름을 넣고 버무려요.

2

랩을 이용해서 밥을 3등분으로 나눠 동그랗게 만들어요.

3

흰 치즈로 눈을 만들고, 김으로 눈 얼룩, 입, 코, 발을 만들어요.

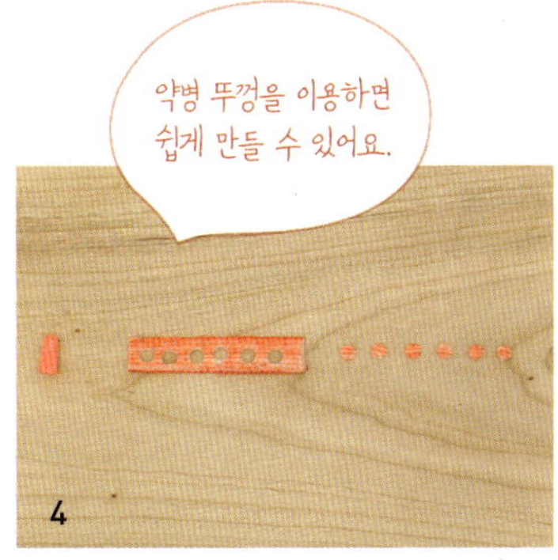

4

맛살의 껍질로 볼터치를 만들어요.

5

랩을 벗긴 후 만들어놓은 데코를 모두 붙이고, 귀가 될 콩자반이나 검은콩을 준비해요.

6

콩자반이나 검은콩을 양쪽에 세로로 꽂아서 완성해요.

스머프 도시락

소풍날이면 아이가 좋아하는 만화영화의 주인공을 도시락으로 만들어보세요.
더욱 특별한 하루가 될 거예요.

READY   밥 1공기, 청치자가루 1/2꼬집, 노란 치즈 1장, 흰 치즈 1/4장, 달걀 1개(고명용), 참기름 1큰술, 소금 약간, 김 약간
도구 가위, 약병 뚜껑, 유산지, 랩

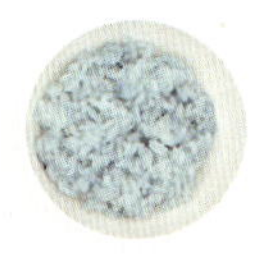

1

밥 1공기에 참기름과 소금을 넣어 간을 맞춘 후, 1/2은 청치자가루를 추가로 넣어 하늘색 밥을 만들어요.

2

랩을 이용해서 참기름만 넣은 밥으로 모자를 만들고, 청치자가루를 섞은 밥은 동그랗게 얼굴과 코를 만들어요.

3

김으로 눈썹, 속눈썹, 눈동자, 입을 만들어요.

4

노란 치즈로 스머프의 머리카락을 만들고, 흰 치즈로 눈을 만들어요.

5

랩을 벗긴 후 얼굴에 잘라놓은 노란 치즈를 얹고, 그 위에 달걀 고명을 만들어 붙여서 머리카락을 완성해요.

6

얼굴 위에 모자를 얹고, 만들어놓은 데코를 붙여서 완성해요.

공주 도시락

주먹밥을 만들지 않고, 치즈와 김으로 캐릭터를 만들어 밥 위에 얹는 방법도 있어요.
밥을 특정 모양으로 만드는 게 어렵다면 이 방법으로 예쁜 도시락을 만들어보세요.

1 공주 그림을 흰 치즈 위에 대고 전체 모양으로 잘라요.

2 김으로 머리카락과 눈, 속눈썹, 입을 만들어요.

3 빨간 파프리카는 껍질만 잘라서 머리띠를 만들고, 볼터치가 될 동그라미 2개도 만들어요.

4 머리띠와 볼터치까지 치즈에 붙인 후 주먹밥을 동그랗게 만들어서 그 위에 올리거나, 도시락 통에 밥을 퍼 넣고 올려서 완성해요.

꽃 유부 도시락

평범한 유부초밥은 이제 안녕! 아이들이 좋아하는 도시락 메뉴 1순위인 유부초밥에
꽃맛살과 옥수수 등이 들어간 꽃맛살 샐러드를 넣으면 맛도 2배, 영양도 2배가 된답니다.

READY   밥 1공기, 시판용 조미 유부 4장, 꽃맛살 130g, 노란 치즈 1/3장, 통조림 옥수수 5큰술,
빨간 파프리카 1/4개, 브로콜리 4~5송이, 당근 약간
소스 마요네즈 3큰술, 허니머스터드 1큰술, 꿀 1큰술, 레몬즙 약간, 후춧가루 약간
배합초 식초 2큰술, 설탕 1큰술, 소금 1꼬집
도구 빨대, 꽃 고명 틀

1 밥 1공기에 배합초 1/3큰술을 넣어 섞고, 유부는 끓는 물에 1분 정도 데친 후 물기를 짜서 준비해요.

2 꽃맛살과 옥수수는 끓는 물에 살짝 데치고, 브로콜리는 소금을 넣은 끓는 물에 데친 후 찬물에 헹궈요.

3 파프리카와 브로콜리는 잘게 다진 후 꽃맛살, 옥수수와 소스를 넣고 섞어서 샐러드를 만들어요.

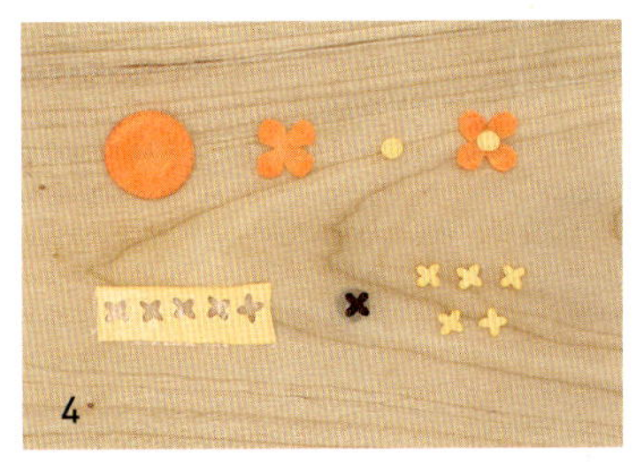

4 당근, 노란 치즈를 꽃 고명 틀과 빨대를 이용해서 꽃과 꽃 수술 데코를 만들어요.

5 데친 유부의 끝을 안으로 접고, 배합초와 섞은 밥을 유부의 절반 정도 채워요.

6 ⑤에 ③을 가득 채우고 꽃과 꽃 수술 데코를 얹어서 완성해요.

토끼와 거북이 유부 도시락

꽃 유부초밥과 함께 싸면 더욱 좋은 캐릭터 유부초밥이에요.
아이가 현장학습을 갈 때 꽃 유부초밥과 함께 싸주면 인기 폭발할 도시락이랍니다.

READY 밥 1공기, 시판용 조미 유부 4장, 애호박 1/2개, 흰 치즈 1/4장, 노란 치즈 1/4장, 맛살 1/4개, 김 약간, 시금치가루 약간, 참기름 약간, 소금 약간, 올리브유 약간
배합초 식초 1큰술, 설탕 1/2큰술, 소금 약간
도구 약병 뚜껑, 가위, 김 펀치

1. 밥 1공기에 배합초 1/3큰술을 넣어 섞고, 유부는 끓는 물에 1분 정도 데친 후 물기를 짜서 준비해요.

2. 애호박은 다져서 볶은 후 1/2을 배합초 섞은 밥 1/2공기와 참기름, 시금치가루를 넣어서 섞어요.

3. 데친 유부의 끝을 안으로 접고, ②를 유부의 2/3 정도 채워요.

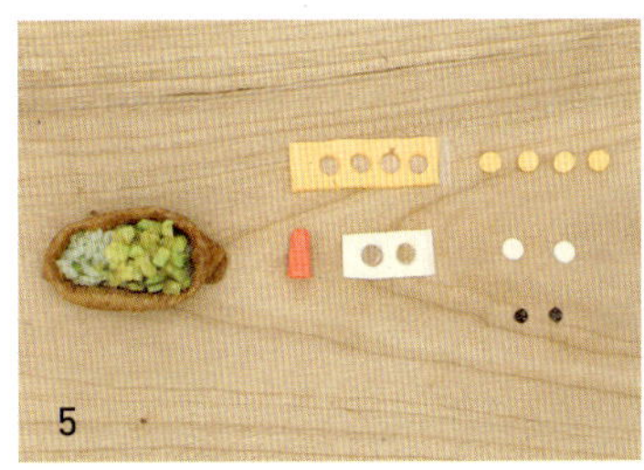

4. ③에 남은 볶은 애호박을 얹어서 거북이 등처럼 만들어요.

5. 노란 치즈로 다리를 만들고, 흰 치즈로 눈, 김으로 눈동자를 만들어요.

6. ④에 눈, 눈동자, 다리를 붙여서 거북이 유부초밥을 완성해요.

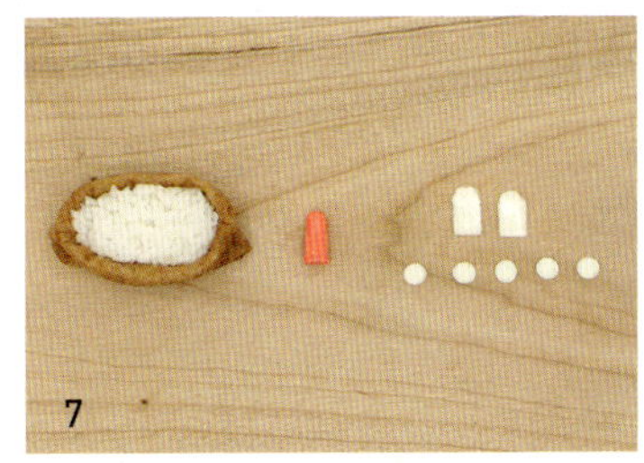

7. 데친 유부의 끝을 안으로 접고, 배합초 섞은 밥 1/2공기를 유부에 넣어요. 흰 치즈로 토끼의 귀와 발, 꼬리를 만들어요.

8. 김으로 눈, 코, 입을 만들고, 맛살의 껍질로 볼터치를 만들어요.

9. ⑦에 ⑧을 붙여서 토끼 유부초밥을 완성해요

기차 도시락

사각 도시락 통에 밥을 얇게 펴고 그림을 그리듯 캐릭터 도시락을 만들 수 있어요.
치즈를 기차나 자동차 모양으로 자르고, 소시지로 즐거운 얼굴을 붙여 설레는 여행을 준비해보세요.

1

2

3

블랙 치즈로 기차 몸체와 바퀴를 만들고, 흰 치즈로 창문을 만들어요.

김으로 기찻길이 될 긴 줄 2개, 짧은 줄 15~20개를 만들어요.

소시지로 얼굴을 만들고, 김으로 머리, 눈, 눈썹, 입을 만들어요.

4

5

6

달군 팬에 식용유를 두르고 약한 불에서 달걀을 얇게 부쳐요.

부친 달걀을 반으로 접은 후, 접힌 부분에 일정한 간격으로 칼집을 넣고 튀긴 스파게티면을 준비해요.

달걀을 끝에서부터 안쪽으로 접으면서 돌돌 말고 튀긴 스파게티면으로 고정해요.

7

8

밥 1공기에 참기름과 소금을 넣어서 간을 맞추고, 사각 도시락 통에 얇게 펴 넣은 후 계란꽃을 아래쪽에 넣어요.

계란꽃 위에 기찻길, 기차 바퀴, 기차 몸체를 순서대로 붙이고, 흰 치즈로 만든 창문과 얼굴을 붙여서 완성해요.

레고 도시락

밥 색깔을 변신시켜주는 천연재료를 이용하면 더욱 다양하고 귀여운 캐릭터를 만들 수 있어요.
노란 치즈와 비트가루, 김으로 아이들이 좋아하는 장난감의 캐릭터를 만들어볼까요?

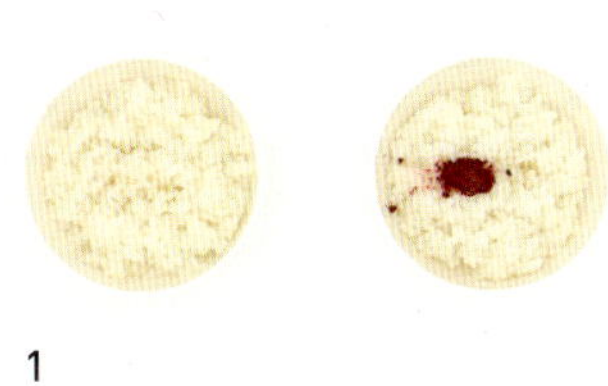

1

2

3

밥 1공기에 참기름과 소금을 넣어 간을 맞춘 후, 1/2공기는 비트가루를 추가로 넣어 분홍색 밥을 만들어요.

①을 각각 랩에 싸서 얼굴을 만들고, 흰색 밥은 귀를 약간 크게, 분홍색 밥은 귀를 동그랗게 만들어요.

노란 치즈를 사각형으로 잘라서 얼굴을 만들어요.

4

5

6

김으로 눈썹, 눈, 입, 주름, 이빨 경계선을 만들고, 흰 치즈로 눈동자, 이빨을 만들어요.

노란 치즈 위에 ④를 붙인 후, 슬라이스햄으로 토끼의 귀와 돼지의 코, 김으로 돼지의 눈과 콧구멍, 흰 치즈로 돼지의 눈동자를 만들어요.

만들어놓은 주먹밥에 데코를 붙여서 완성해요.

야구 도시락

한입에 쏙 들어가는 작고 동글동글한 주먹밥에 맛살과 비엔나소시지만 올려주면 아기자기하고
귀여운 캐릭터 도시락이 돼요. 남자아이들이 특히 좋아할 야구공과 배트 주먹밥으로 도시락을 싸서
야구장 나들이를 가볼까요?

READY 밥 1공기, 참기름 1/2큰술, 통깨 1/2큰술, 비엔나소시지 4개, 맛살 1개, 김 약간
도구 랩, 가위

1

밥 1공기에 참기름, 통깨를 넣어 섞
어요.

2

랩을 이용해서 밥을 동그란 모양과
기다란 모양의 한입 크기로 만들어
요.

3

랩을 벗긴 후 맛살의 껍질을 끈처럼
가늘게 잘라서 동그란 주먹밥 위에
야구공 무늬가 되도록 둘러요.

4

비엔나소시지를 끓는 물에 살짝 데
친 후 반을 자르고, 야구배트처럼 아
래쪽을 뾰족하게 잘라서 준비해요.
김도 길게 잘라서 준비해요.

5

기다란 모양의 밥 위에 배트 모양 소
시지를 얹고 김으로 돌돌 싸서 고정
시켜요.

6

야구공과 야구배트 주먹밥을 세트
로 만들어서 완성해요.

코알라 도시락

바쁜 아침 집에 있는 재료만으로 건강과 귀여움을 모두 가진 코알라 도시락을 만들 수 있어요.
흑임자가루와 참기름을 섞어서 만든 코알라 주먹밥은 고소하면서도 영양만점이랍니다.

READY   밥 1공기, 흑임자가루 1큰술, 참기름 1/3큰술, 흰 치즈 1장, 맛살 1/4개, 김 약간
도구 약병 뚜껑, 빨대, 가위, 랩

1

밥 1공기에 흑임자가루, 참기름을 넣어 섞어요.

2

랩을 이용해서 얼굴과 귀를 동그랗게 만들어요.

3.

흰 치즈로 눈을 만들고, 김으로 눈동자를 만들어요.

4

맛살의 껍질로 볼터치를 만들어요.

5

김으로 코를 타원형으로 크게 만들어요.

6

②에 만들어놓은 눈, 눈동자, 코, 볼터치를 붙여서 완성해요.

사자 도시락

다양한 재료를 넣어 만든 김밥도 맛있지만 소풍날만큼은 왠지 특별한 도시락을 만들고 싶어져요.
계란말이를 통통하게 만들어 예쁜 모양 김밥을 만들어봐요.

READY   밥 1공기, 김밥용 김 3장, 단무지 2줄, 참기름 1큰술, 소금 약간, 식용유 약간
달걀물 달걀 5개, 설탕 1큰술, 소금 1꼬집
도구 김발, 가위, 약병 뚜껑, 빨대

1 계란물을 만들고, 달군 팬에 식용유를 두르고 계란말이를 만들어요.

2 계란말이가 완성되면 김발로 동그랗게 말아 계란말이의 모양을 잡아요.

3 ②의 계란말이를 김 위에 올려놓고 한 번 더 말아요.

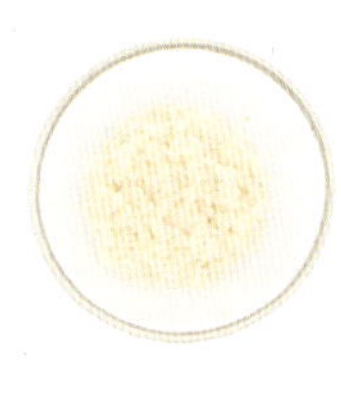

4 단무지도 김 위에 올려놓고 말아서 2개 준비해요.

5 밥 1공기에 참기름, 소금을 넣고 간을 맞춰요.

6 김에 밥을 얇게 펴서 깔고, 김으로 말아둔 계란말이를 가운데에 놓아요.

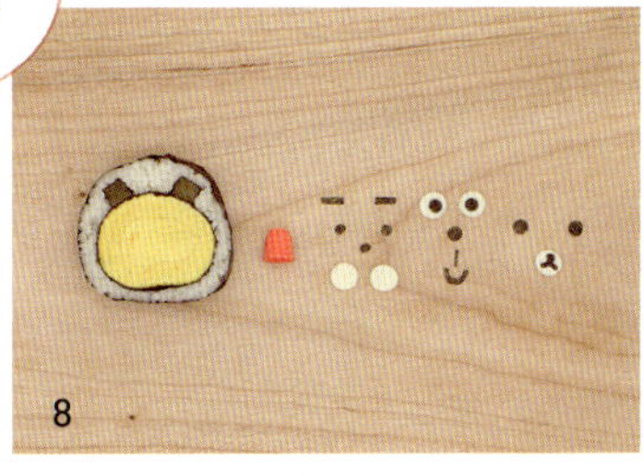

7 계란말이 위에 김으로 말아둔 단무지 2개를 올리고, 단무지 사이에 밥을 채워 넣어요.

8 김발로 말아서 김밥을 만든 후 적당한 크기로 썰어요. 김과 흰 치즈로 다양한 표정의 눈, 코, 입을 만들어요.

9 원하는 표정으로 김밥에 눈, 코, 입을 붙여서 완성해요.

강아지 햄버거 도시락

아이들은 햄버거를 참 좋아하죠. 하지만 밖에서 사먹는 햄버거는 간이 너무 세서 건강에 좋지 않아요.
햄과 치즈, 엄마가 손수 만든 소스가 들어간 캐릭터 햄버거는 어떨까요?

R E A D Y   햄버거빵 2개, 양상추 2장, 토마토 1/2개, 피클 8개, 양파 1/2개, 햄 2장, 베이컨 2줄, 노란 치즈 2장,
블랙 치즈 2장, 흰 치즈 1/4장, 버터 1큰술, 바비큐 소스 1큰술, 케첩 1/2큰술, 김 약간
스프레드 홀그레인머스터드 2큰술, 마요네즈 1큰술, 꿀 1/2큰술
도구 가위, 빨대, 이쑤시개

1

깨끗이 씻은 양상추, 토마토와 피클
을 준비해요.

2

양파와 토마토, 햄은 슬라이스 해요.

3

달군 팬에 버터 1/2큰술, 바비큐 소
스, 케첩을 넣고 양파와 햄을 살짝
구워요.

4

달군 팬에 버터 1/2큰술을 넣고 햄
버거빵과 베이컨을 살짝 구워요.

5

흰 치즈로 눈동자를 만들고, 김으로
눈, 코, 입을 만든 후 블랙 치즈에 붙
여 이쑤시개로 김 테두리를 따라 그
어서 잘라요.

6

스프레드를 만들어 구운 햄버거빵
에 바르고, 양상추, 햄, 노란 치즈,
피클, 양파, 토마토, 베이컨을 올리
고 빵 윗면에는 강아지 데코를 붙여
서 완성해요.

나무늘보 샌드위치 도시락

겉은 바삭하고 속은 촉촉한 크루아상에 다양한 재료와 맛있는 소스로 샌드위치를 만들어보세요.
크루아상에 어울리는 귀여운 나무늘보 캐릭터도 익살스럽게 표현해보세요.

READY   크루아상 2개, 양상추 2장, 토마토 1개, 달걀 1개, 노란 치즈 3장, 흰 치즈 2장, 슬라이스햄 2장, 김 약간
소스 머스터드 2큰술, 마요네즈 2큰술, 꿀 1/2큰술, 양파 1/4개, 피클 10개
도구 가위, 빨대

1

토마토와 양상추는 씻어서 물기를 제거하고, 달걀은 삶아서 껍질을 까서 준비해요.

2

크루아상은 오븐에 데운 후 한쪽 끝이 붙어 있도록 가운데를 반으로 가르고, 노란 치즈는 삼각형으로 잘라요.

3

양파와 피클은 다지고, 토마토와 달걀은 슬라이스 해요.

4

소스를 만들어서 구운 크루아상 안쪽에 바르고, 양상추, 치즈, 토마토, 슬라이스햄, 달걀을 올려요.

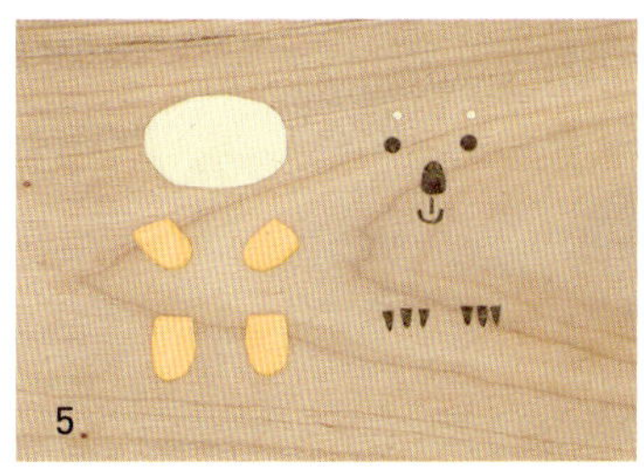

5

흰 치즈로 얼굴, 눈동자를 만들고, 노란 치즈로 눈 얼룩과 팔, 김으로 눈, 코, 코 주름, 입, 손톱을 만들어요.

6

④에 ⑤를 붙여서 완성해요.

PART 4

엄마가 만들어서 더 건강한

캐릭터 간식

개구리 아이스바

아이들이 좋아하는 아이스바를 집에서 만들어봐요.
생과일과 탄산수만 있으면 아이에게 안심하고 줄 수 있는 맛있고 예쁜 아이스바를 만들 수 있어요.

READY   키위 2개, 딸기 2~3개, 탄산수(혹은 사이다)
도구 초코펜, 화이트초코펜, 아이스트레이

1

키위는 껍질을 벗기고, 딸기는 꼭지를 딴 후 씻어서 준비해요.

2

딸기는 반을 자른 후 꼭지 부분을 V자 모양으로 잘라 하트 모양을 만들고, 키위는 도톰하게 썰어요. 초코펜으로 눈과 입을 그려요.

3

아이스트레이 안에 과일을 넣고 막대기를 올린 후, 그 위에 다시 과일을 얹어요.

4

③에 탄산수를 부어서 냉동실에 5~6시간 얼려서 완성해요.

해바라기 맛탕

맛탕은 아이들이 아주 좋아하지만 고구마를 튀긴 후에 기름을 처리하는 게 번거로워서
집에서는 잘 안 만드는 간식이죠. 기름을 적게 쓰고도 바삭한 고구마 맛탕을 만드는 방법을 소개할게요.

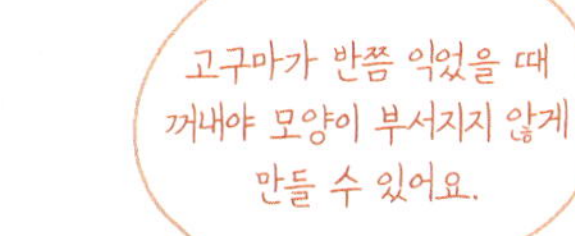

1

고구마를 깨끗이 씻어서 10분간 쪄요.

2

찐 고구마를 1cm 간격으로 자르고 쿠키 틀로 해바라기 모양을 내요.

3

바삭한 식감을 살려줄 옥수수 전분가루를 고구마에 고루 묻혀요.

4

달군 팬에 식용유를 두르고 고구마의 겉면이 노릇해질 때까지 익혀요.

5

팬에 설탕, 올리고당, 조청을 넣고 약한 불에 살짝 녹인 후 고구마를 넣고 버무려요.

6

맛탕을 접시에 담고 검은깨를 뿌려서 완성해요.

스노우맨 떡구이

가래떡을 구워서 조청만 찍어 먹어도 맛있는데, 콩가루까지 뿌리면 카페에서 파는 디저트가
탄생한답니다. 초코펜만 있으면 귀여운 캐릭터도 만들 수 있어요. 오늘 간식으로 도전해볼까요?

READY   가래떡 2줄, 딸기 3~4개, 말린 귤 1조각, 식용유 약간, 조청(혹은 꿀) 약간, 콩가루(혹은 미숫가루) 약간
도구 초코펜, 화이트초코펜

1

가래떡은 한입 크기로 썰고, 딸기는 깨끗이 씻어요.

2

딸기는 반으로 자르고 꼭지 부분은 V자 모양으로 잘라 하트 모양을 만들어요.

3

달군 팬에 식용유를 두르고 약한 불에 가래떡을 구워요.

4

접시에 콩가루를 뿌려요.

5

접시에 구운 떡과 딸기를 올리고, 초코펜으로 눈과 입을 그려요. 코는 말린 귤 조각으로 만들어요.

6

위에 꿀을 골고루 뿌리고, 분체로 콩가루를 한 번 더 뿌려서 완성해요.

얼음사탕 화채

무더운 여름날에 화채만큼 시원하고 건강한 간식이 없죠. 요즘에는 다양한 모양의 아이스트레이가 있어서
예쁜 얼음을 쉽게 만들 수 있어요. 아이스트레이에 과일 조각이나 식용 꽃, 허브 잎만 넣어서 얼려도
특별한 얼음과자가 탄생한답니다. 예쁜 얼음과 과일을 넣어 인기 만점 과일화채를 만들어보세요.

READY　　수박 1/2통, 청포도 200g, 블루베리 100g, 라즈베리 약간, 애플민트 약간
화채 국물 수박 2조각, 탄산수 1컵, 꿀 4큰술
도구 아이스트레이, 계량스푼(혹은 스쿱)

1

라즈베리와 깨끗하게 씻은 애플민트 잎을 준비해요.

2

아이스트레이에 라즈베리와 애플민트 잎을 넣고 물을 부어서 얼려요.

3

수박은 스쿱이나 계량스푼으로 동그랗게 파고, 청포도와 블루베리는 씻어서 준비해요.

4

얼려둔 얼음과 과일을 그릇에 담은 후, 화채 국물 재료를 갈아서 부은 후 완성해요.

목마 토스트

SNS에서 한참 유행하던 그림 토스트예요. 식빵 위에 크림치즈나 생크림을 바르고
잼이나 치즈, 크림 등을 짤주머니에 넣어서 원하는 그림을 그리면 완성돼요.
쉽고 간단하지만 디저트 카페에서 볼 법한 예쁜 디저트가 된답니다.

READY 식빵 1장, 크림치즈 4큰술, 청치자가루 1꼬집, 스프링클 1큰술, 검은깨 약간
도구 짤주머니

1

크림치즈를 두 군데에 나눠 담고, 한쪽에는 청치자가루를 넣어서 섞어요.

2

식빵은 살짝 굽고, 그 위에 청치자가루를 섞은 하늘색 크림치즈를 발라요.

3

짤주머니에 흰색 크림치즈를 담아서 식빵 위에 말 모양을 그려요.

4

검은깨로 말의 눈을 만들고, 머리와 꼬리 부분에 스프링클을 얹어서 완성해요.

로즈딸기 샐러드

딸기와 청포도를 그냥 먹어도 좋지만, 딸기는 예쁜 장미꽃으로 청포도는 앙증맞은 애벌레로 변신시켜서
샐러드를 만들면 아이들이 더 좋아해요. 샐러드 소스로 만든 요거트 드레싱은 아이 간식으로 따로 줘도 좋아요.

READY   딸기 10개, 청포도 20개, 흰 치즈 1/4장, 김 약간
요거트 드레싱 으깬 딸기 3큰술(딸기 2~3개), 플레인요거트 5큰술(설탕무첨가), 아가베시럽 1큰술(올리고당 대체 가능),
레몬즙 약간
도구 약병 뚜껑, 가위, 이쑤시개

1

딸기와 청포도를 깨끗이 씻어 물기를 빼요.

2

딸기는 세워놓고 아랫부분부터 사각형 모양으로 칼집을 낸 후 바깥으로 살짝 벌려요. 아래에서부터 꼭대기까지 지그재그로 칼집을 내고 바깥으로 벌려요.

3

청포도 3개를 이쑤시개에 꽂고, 흰 치즈로 눈, 김으로 눈동자를 만들어요.

4

딸기를 잘게 으깨고 아가베시럽과 레몬즙, 플레인요거트를 넣어서 요거트 드레싱을 만들어요.

5

로즈딸기와 애벌레 청포도를 플레이팅 해요.

6

요거트 드레싱을 뿌려서 완성해요.

사자 달걀빵

갈릭스프레드를 식빵에 바르고 그 위에 달걀 하나만 톡 얹어서 구워주기만 해도 건강하고 맛있는 마늘 달걀빵을 만들 수 있어요. 달걀을 넣지 않고 갈릭스프레드만 발라서 오븐에 구우면 담백하고 바삭한 마늘빵도 만들 수 있어요.

READY   식빵 1장, 달걀 1개, 소금 1꼬집, 김 약간, 케첩 약간, 파슬리가루 약간
갈릭스프레드 다진 마늘 1큰술, 버터 2큰술, 설탕 1큰술
도구 종이컵, 김 펀치, 가위

1

다진 마늘, 버터, 설탕을 섞어 갈릭
스프레드를 만들어요.

2

식빵 위에 갈릭스프레드를 바르고
파슬리 가루를 뿌린 후 8등분으로
잘라요.

3

종이컵 바닥에 8등분 한 식빵 2조각
을 깔고 나머지 6조각은 동그랗게
둘러서 넣어요.

4

가운데에 달걀을 넣고 소금, 파슬리
가루를 뿌려요.

5

180도로 예열된 오븐에 20분간 구
워요. 김으로 눈, 입을 만들어요.

6

빵이 완성되면 가운데에 눈, 입을 붙
이고, 케첩으로 볼터치를 해서 완성
해요.

곰돌이 아보카도스무디

아보카도는 비타민, 철분, 미네랄 등이 많고 불포화지방산이 풍부해서 두뇌 발달에 좋은
성장기 아이들에게 필수 간식이에요. 아보카도를 잘 먹지 않는 아이라면 스무디로 만들어주세요.

READY　아보카도 1/2개, 바나나 1개, 키위 1개, 꿀 2큰술, 플레인요거트 1½컵,
검은깨 약간, 호두 약간

1

아보카도의 씨를 제거한 후, 껍질을
벗긴 바나나와 키위, 아보카도를 적
당한 크기로 잘라요. 호두는 으깨서
준비해요.

2

믹서에 아보카도, 바나나, 키위, 플
레인요거트 1컵, 꿀을 넣고 곱게 갈
아요.

3

곱게 갈린 스무디 위에 티스푼으로
플레인요거트 1/2컵을 올리고, 동그
란 얼굴과 양쪽 귀를 만들어요.

4

검은깨로 눈을 만들고, 으깬 호두로
코를 만들어서 완성해요.

오두가 신나게 즐기는
캐릭터 파티 요리

남 자 친 구 초 대
상 차 림

아이의 친구들을 갑자기 초대했을 때, 어떤 간식을 준비
해야 할지 고민이 되죠? 남자아이들이 집에 놀러왔을 때
차려주면 좋아할 상차림이에요. 남자아이들이 좋아하는
장난감 캐릭터 핫도그와 디저트를 준비했어요.

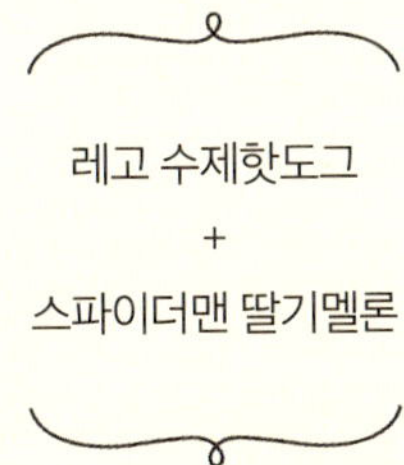

레고 수제핫도그
+
스파이더맨 딸기멜론

레고 수제핫도그

남자아이들이라면 모두 좋아하는 레고 장난감을 핫도그로 만들어봐요.
노란 치즈로 레고 얼굴을 만들어서 핫도그 위에 올려주면 너 나 할 것 없이
모두가 좋아하는 상차림이 된답니다.

READY 모닝빵 2개, 비엔나소시지 2개, 상추 2장, 노란 치즈 1/2장, 흰 치즈 1/4장, 마요네즈 3큰술, 허니머스터드 1큰술,
양파 1/4개, 피클 6~7개, 달걀 2개, 머스터드 약간, 김 약간
도구 가위, 빨대

1

비엔나소시지는 칼집을 내어 끓는 물에 살짝 데치고, 달걀은 삶은 후 껍질을 까고, 상추는 씻어서 잘게 찢어요.

2

양파, 피클, 삶은 달걀은 다져요.

3

②에 마요네즈, 허니머스터드를 넣고 섞어요.

4

모닝빵은 한쪽 끝이 붙어 있도록 반으로 자른 후 ③을 펴 바르고 상추와 비엔나소시지를 빵 사이에 넣고 그 위에 머스터드를 뿌려요.

5

노란 치즈로 얼굴을 만들고, 김으로 눈썹과 눈, 입, 이빨 경계선, 흰 치즈로 눈동자, 이빨을 만들어요.

6

④에 ⑤를 얹어서 완성해요.

스파이더맨 딸기멜론

스파이더맨은 남자아이들에게 선망의 대상이죠.
딸기에 초코펜으로 눈만 그려주어도 스파이더맨이 뚝딱 만들어져요.
멜론의 그물무늬를 살려서 함께 플레이팅 하면 완벽한 스파이더맨이 된답니다.

READY　멜론 1통, 딸기 6개
도구 초코펜, 화이트초코펜, 계량스푼(혹은 스쿱)

1

딸기는 깨끗이 씻어서 꼭지를 뗀 후
화이트초코펜으로 스파이더맨의 눈
을 그리고, 초코펜으로 눈 테두리를
그려요.

2

멜론은 2/3등분으로 뚜껑 부분을 잘
라낸 후 계량스푼으로 속을 동그랗
게 파내요.

3

동그란 멜론과 스파이더맨 딸기를
준비해요.

4

멜론과 딸기를 속을 파낸 멜론에 담
아서 완성해요.

여자친구 초대
상차림

여자아이들이 갑자기 놀러왔나요? 그렇다면 이번에는
여자아이들이 좋아할 만한 상차림을 소개할게요. 귀엽고
사랑스러운 고양이 캐릭터가 가득한 초대 상차림을 보
면 우리 아이의 어깨가 으쓱해질 거예요.

고양이 케첩떡볶이
+
고양이 감자샐러드

고양이 케첩떡볶이

엄마표 떡볶이만큼 건강하고 맛있는 게 있을까요?
케첩소스로 새콤하고 달콤한 떡볶이를 만들어봐요. 떡볶이 위에 여자아이들이
너무나 좋아하는 고양이 캐릭터를 올려주면 사랑스러운 상차림이 완성돼요.

READY 조랭이떡 300g, 사각어묵 2장, 원형어묵 3개, 리본파스타 3개, 대파 1대, 소금 약간, 김 약간
육수 멸치 10개, 다시마 2조각, 건새우 15개, 무 1/10개, 양파 1/4개
소스 케첩 4큰술, 맛간장 1큰술, 조청 1큰술, 설탕 2큰술
도구 가위

1

냄비에 물 5컵과 육수 재료를 넣고
끓이다가 육수가 끓어오르면 다시
마를 건지고 10분간 더 끓여 육수를
만들어요.

2

조랭이떡과 원형어묵은 끓는 물에
데치고, 리본파스타는 소금을 넣은
끓는 물에 데쳐요.

3

대파는 송송 썰고, 사각어묵은 한입
크기로 썰어요.

4

냄비에 육수 2½컵과 소스, 사각어
묵, 조랭이떡을 넣고 국물이 자작해
질 때까지 끓여요.

5

김으로 눈, 코, 수염을 만들어서 원
형어묵에 붙이고, 리본파스타를 머
리 위에 올려요.

6

완성한 떡볶이에 고양이 데코를 올
려서 완성해요.

고양이 감자샐러드

고양이 케첩떡볶이와 한 세트로 고양이 감자샐러드를 만들어봐요.
예쁜 건 물론이고 감자에는 비타민이 많아서 아이들 건강에도 좋아요.
고양이 세트로 여자친구만을 위한 아기자기하고 사랑스러운 상차림을 해보세요.

READY 감자 4개, 리본파스타 3~4개, 버터 1/2큰술, 마요네즈 1큰술, 설탕 1½큰술, 튀긴 스파게티면 1줄, 통조림 옥수수 1알, 비트가루 1/3큰술, 소금 3꼬집, 김 약간
도구 랩, 가위

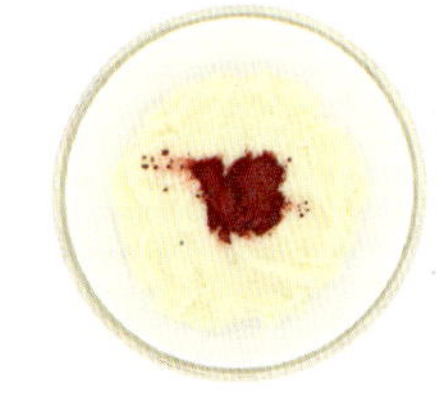

1 감자는 껍질을 벗기고 반으로 자른 후 소금 1꼬집, 설탕 1큰술을 넣고 20분간 삶아요.

2 삶은 감자, 버터, 마요네즈, 설탕 1/2 큰술, 소금 2꼬집을 넣고 으깨요.

3 으깬 감자를 2등분해서 한쪽에는 비트가루를 넣고 섞어요.

4 옥수수로 입, 김으로 눈, 튀긴 스파게티면으로 수염을 만들고, 리본파스타는 소금을 넣은 끓는 물에 살짝 데쳐요.

5 랩을 이용해서 비트가루를 넣은 감자로 고양이 몸통을 만들고, 남은 감자로 고양이 머리, 앞뒤 발, 꼬리를 만들어서 몸통에 붙여요.

6 ⑤에 눈, 입을 붙이고, 수염을 꽂은 후 리본파스타를 얹어서 완성해요.

할 로 윈 파 티
상 차 림

10월의 대표적인 축제라고 하면 할로윈을 빼놓을 수 없
죠. 미국의 오래된 어린이 축제로 독특한 분장을 하고 집
집마다 다니면서 사탕이나 초콜릿을 받는 축제예요. 우
리나라에서도 할로윈을 즐기는 사람들이 많아졌어요. 온
가족이 즐길 수 있는 할로윈 홈파티를 준비해보면 어떨
까요?

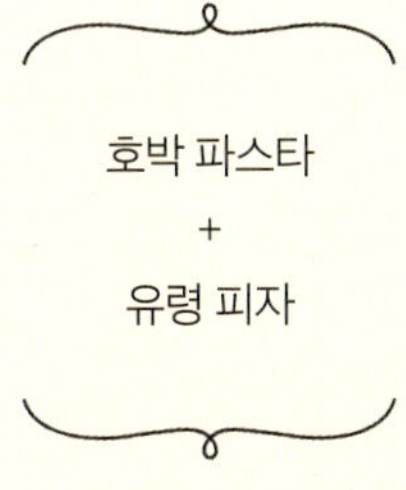

호박 파스타
+
유령 피자

호박 파스타 

달콤한 단호박 크림소스에 펜네 파스타를 넣어서 호박 파스타를 만들어요. 펜네 파스타는 속이
비어서 간이 잘 배어 맛도 좋지만 모양도 아기자기해서 아이들이 좋아한답니다.

READY 단호박 1통, 펜네 파스타 2컵, 우유 1컵, 양파 1/2개, 양송이버섯 2개, 베이컨 2줄, 파마산치즈가루 3큰술,
노란 치즈 1장, 소금 2/3큰술, 다진 마늘 1/2큰술, 김 약간, 후춧가루 약간, 올리브유 약간

도구 가위, 이쑤시개

1

단호박은 전자레인지에 10분간 돌
려서 윗부분을 자르고 속을 파내요.

2

파낸 단호박 속은 우유와 함께 믹서
에 갈아요.

3

양파와 양송이버섯은 채 썰고, 베이
컨은 한입 크기로 썰어요.

4

냄비에 물 5컵과 소금 1/3큰술을 넣
고 펜네를 12분간 삶아서 건지고,
펜네 삶은 물은 1컵 남겨둬요.

5

달군 팬에 올리브유를 두르고 다진
마늘, 양파, 양송이버섯과 베이컨,
소금 1꼬집을 넣고 볶아요.

6

⑤에 ②와 펜네 삶은 물, 파마산치즈
가루, 소금 2꼬집, 후춧가루를 넣고
끓어오르면 펜네를 넣고 볶아요.

7

김으로 눈, 입을 만들고, 노란 치즈
에 붙여 이쑤시개로 콕콕 찍어서 잘
라요.

8

속을 파낸 단호박 안에 ⑥을 담고
눈, 입을 올려서 완성해요.

유령 피자

토르티야에 토마토퓌레로 직접 만든 토마토소스를 이용해 피자를 만들어봐요.
피자 치즈 위에 다양한 유령의 얼굴을 그려주면 할로윈 파티에 어울리는 특별한 요리가 돼요.

READY　토르티야 1장, 다진 마늘 1/2큰술, 양파 1/4개, 베이컨 4줄, 소시지 2개, 모차렐라치즈 1/2컵, 올리브유 약간
토마토소스 토마토퓌레 3큰술, 설탕 1큰술, 소금 약간, 후춧가루 약간
도구 초코펜

1

양파는 채 썰고, 베이컨은 한입 크기로, 소시지는 슬라이스 해요.

2

달군 팬에 올리브유를 두르고 다진 마늘, 양파를 볶다가 베이컨, 소시지를 넣어 볶아요.

3

토마토소스를 만들어서 ②에 넣고 볶아요.

4

토르티야에 ③을 펴 바른 후 남겨둔 베이컨을 올리고 모차렐라치즈를 군데군데 덩어리로 올려요.

5

④를 전자레인지에 1분간 돌려요.

6

녹은 치즈 위에 초코펜으로 유령의 눈, 입을 그려서 완성해요.

생 일 파 티
상 차 림

1년 중 가장 특별하고 행복해야 하는 날, 바로 생일이에요. 오늘만을 기다린 아이를 위해 특별한 생일상을 차려보면 어떨까요?

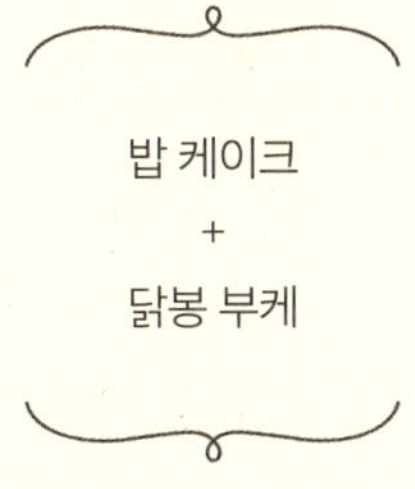

밥 케이크
+
닭봉 부케

밥 케이크

비엔나소시지로 촛불을 만들어 밥 위에 꽂아만 주어도
생일 파티 분위기가 물씬 나는 상차림을 만들 수 있어요.

READY 밥 1공기, 비엔나소시지 6개, 브로콜리 1송이, 노란 치즈 1/2장, 흰 치즈 1/2장, 튀긴 스파게티면 2줄, 맛살 1개,
달걀 2개, 참기름 약간, 식용유 약간, 소금 약간
도구 랩, 빨대

1

비엔나소시지는 살짝 데치고, 브로
콜리는 소금을 넣은 끓는 물에 데친
후 차가운 물에 헹궈요.

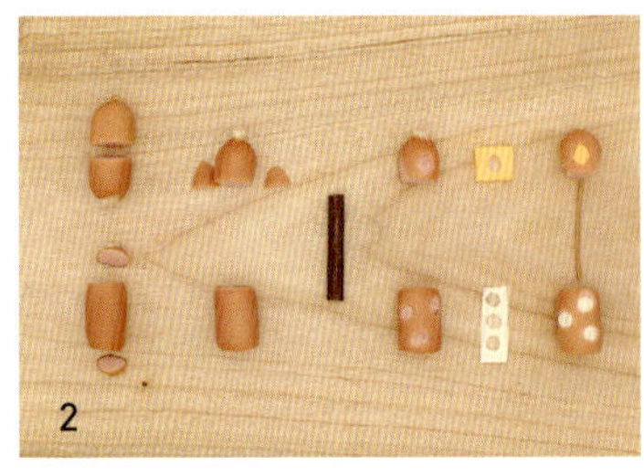

2

2등분한 소시지와 양끝을 자른 소시
지를 튀긴 스파게티면으로 꽂아요.
흰 치즈와 노란 치즈로 초를 꾸며요.

3

달군 팬에 식용유를 두르고 달걀과
소금을 넣어 스크램블 해요.

4

밥 1공기에 참기름, 소금을 넣어 간
을 하고, 랩을 이용해서 크기가 다른
주먹밥 2개를 만들어요.

5

밥을 2단으로 쌓은 후 1단 주변, 2단
가운데에 스크램블을 얹고, 2단 주
변에는 브로콜리를 얹어요.

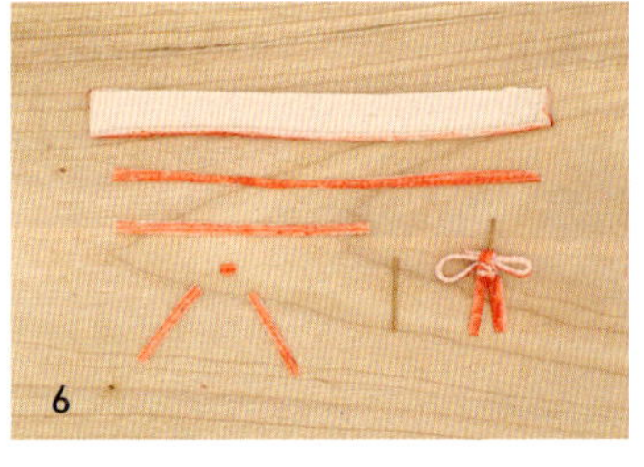

6

맛살의 껍질을 떼어 긴 1줄, 중간 1
줄, 짧은 2줄, 동그라미 1개를 만들
어요. 긴 1줄은 리본을 만들고, 중간
1줄은 가운데에 말아요. 짧은 2줄과
동그라미는 튀긴 스파게티면으로
가운데에 꽂아요.

7

2단에 맛살 껍질을 두르고 리본 맛
살을 튀긴 스파게티면으로 꽂아요.

8

⑦에 소시지 촛불 장식을 꽂아서 완
성해요.

닭봉 부케

간단하면서도 아이들에게 담백하게 먹일 수 있는 닭봉 소금구이예요. 구멍 뚫린 어묵에 무순,
구운 닭봉을 함께 꽂아주면 닭봉 부케가 짠! 파티 음식으로 손색없는 핑거푸드랍니다.

READY   닭봉 9개, 우유 1컵, 구멍 뚫린 어묵 9개, 무순 1/5줌, 다진 마늘 1큰술, 식용유 약간, 허브솔트 약간

1

닭봉은 깨끗이 씻어서 우유에 30분
간 담가 잡냄새를 제거해요.

2

어묵은 살짝 데친 후 3cm 길이로 자
르고, 무순은 씻어서 준비해요.

3

닭봉은 포크로 찔러서 다진 마늘과
버무린 후 허브솔트를 뿌려 밑간해
요.

4

달군 팬에 식용유를 두르고, 약불에
서 노릇해질 때까지 구워요.

5

어묵 안에 무순을 넣고 닭봉을 꽂아
서 완성해요.

크리스마스 파티
상차림

1년 중 아이들이 가장 좋아하는 휴일이 크리스마스죠. 온몸이 오들오들 떨리는 추위를 피해서 집에서 홈파티를 해볼까요? 엄마가 미리 준비해놓는 것도 좋지만, 아이들과 함께 파티 상차림을 준비해보세요. 평생 잊지 못할 좋은 추억이 될 거예요.

산타 주먹밥
+
꼬마병정 꼬치
+
리스 샐러드

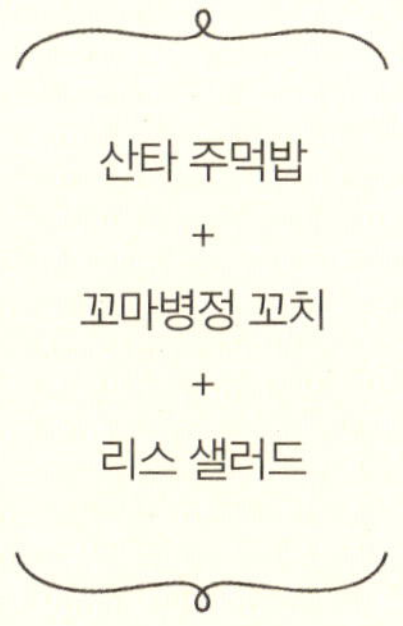

산타 주먹밥

아이들에게 12월은 크리스마스와 산타 할아버지의 선물에 대한 기대감으로
어느 때보다 행복한 한 달 같아요. 산타 주먹밥으로 아이들에게 특별한 선물을 해보세요.

READY 밥 1공기, 맛살 2개, 슬라이스햄 1장, 흰 치즈 1/4장, 참기름 약간, 소금 약간, 김 약간
도구 랩, 가위, 약병 뚜껑, 이쑤시개

1

밥 1공기에 참기름, 소금을 넣고 섞어요.

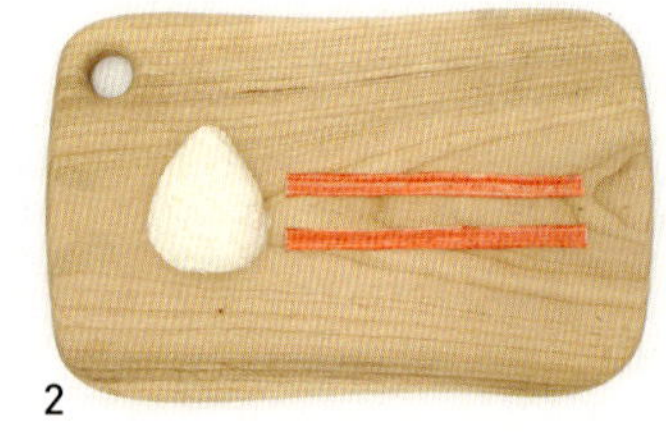

2

밥을 랩으로 싸서 물방울 모양으로 만들고, 맛살은 껍질을 뜯어서 준비해요.

3

랩을 벗기고 산타 모자가 될 부분에 맛살을 두른 후 다시 랩으로 싸서 고정시켜요.

4

슬라이스햄으로 얼굴을 만들고, 흰 치즈로 눈썹과 눈을 만들어요.

5

김으로 눈동자, 입을 만들고, 맛살의 껍질로 코를 만들어요.

6

③의 랩을 벗긴 후 만들어놓은 데코를 붙여서 완성해요.

꼬마병정 꼬치

크리스마스 파티에 딱 맞는 핑거푸드를 소개할게요.
빨간 옷과 빨간 모자를 쓴 귀여운 꼬마병정으로 즐거운 시간을 만들어요.

READY 방울토마토 2개, 메추리알 1개, 오이 1/7개, 노란 치즈 1/4장, 김 약간
도구 빨대, 가위, 이쑤시개

1

방울토마토는 깨끗이 씻고, 메추리알은 삶은 후 껍질을 벗기고 오이는 한입 크기로 잘라서 준비해요.

2

방울토마토는 모자와 옷으로, 메추리알은 얼굴로, 오이는 다리 기둥을 만들어요. 김으로 눈, 입을 만들고, 노란 치즈로 단추를 만들어요.

3

눈, 입, 단추를 붙이고, 이쑤시개에 꽂아요.

4

다리 기둥부터 모자까지 차례대로 꽂아서 완성해요.

리스 샐러드

크리스마스 파티에는 샐러드도 특별하게 먹고 싶죠? 평소에 먹는 샐러드와 크게 다르지 않지만
모양만 조금 바꿔도 크리스마스 분위기를 낼 수 있어요.

READY　로메인 1줌, 방울토마토 10개, 키위 1개, 슬라이스햄 2장,
튀긴 스파게티면 1줄
소스 키위 1개, 꿀 약간, 올리브유 약간

1

로메인과 방울토마토는 깨끗이 씻어요.

2

키위는 껍질을 벗긴 후 슬라이스 하고, 소스에 들어가는 키위는 갈아서 소스를 만들어요.

3

슬라이스햄 1장은 가운데에 주름을 잡고, 또 1장은 3등분해서 1개는 가운데에 말고, 2개는 리본 끈 모양으로 자른 후 리본에 튀긴 스파게티면으로 꽂아요.

4

로메인, 방울토마토, 키위를 링 모양으로 플레이팅 하고, 햄으로 만든 리본을 상단에 올린 후 소스를 뿌려서 완성해요.

"냠냠, 맛있게 잘 먹었습니다."

협찬 플레이트앤키친(www.platekitchen.com)

캐릭터 아이 밥상

펴낸날 초판 1쇄 2018년 6월 1일

지은이 허인

펴낸이 임호준
본부장 김소중
책임 편집 안진숙 ｜ **편집 1팀** 장여진 박준영
디자인 왕윤경 김효숙 정윤경 ｜ **마케팅** 정영주 길보민 김혜민
경영지원 나은혜 박석호 ｜ **IT 운영팀** 표형원 이용직 김준홍 권지선

사진 한정수(Studio etc. 02-3442-1907)
인쇄 (주)웰컴피앤피

펴낸곳 비타북스 ｜ **발행처** (주)헬스조선 ｜ **출판등록** 제2-4324호 2006년 1월 12일
주소 서울특별시 중구 세종대로 21길 30 ｜ **전화** (02) 724-7698 ｜ **팩스** (02) 722-9339
포스트 post.naver.com/vita_books ｜ **블로그** blog.naver.com/vita_books ｜ **페이스북** www.facebook.com/vitabooks

ⓒ 허인, 2018

ISBN 979-11-5846-240-6 13590

- 이 도서의 국립중앙도서관 출판예정도서목록(CIP)은 서지정보유통지원시스템 홈페이지(http://seoji.nl.go.kr)와
  국가자료공동목록시스템(http://www.nl.go.kr/kolisnet)에서 이용하실 수 있습니다. (CIP제어번호:CIP2018015274)

- 비타북스는 독자 여러분의 책에 대한 아이디어와 원고 투고를 기다리고 있습니다.
  책 출간을 원하시는 분은 이메일 vbook@chosun.com으로 간단한 개요와 취지, 연락처 등을 보내주세요.

비타북스는 건강한 몸과 아름다운 삶을 생각하는 (주)헬스조선의 출판 브랜드입니다.